U0190190

第一農業文明

中華文化思索講義叢書

陳綬祥 著

广西师范大学出版社
GUANGXI NORMAL UNIVERSITY PRESS
·桂林·

圖書在版編目（CIP）數據

第一農業文明 / 陳綬祥著．—桂林：廣西師範大學出版社，2016.3
（中華文化思索講義叢書）
ISBN 978-7-5495-7664-7

Ⅰ．①第… Ⅱ．①陳… Ⅲ．①農業史－關繫－文化起源－研究－中國 Ⅳ．①S-092.2②K203

中國版本圖書館 CIP 數據核字（2015）第 293047 號

廣西師範大學出版社出版發行
（廣西桂林市中華路 22 號　郵政編碼：541001
網址：http://www.bbtpress.com）
出版人：何林夏
全國新華書店經銷
桂林廣大印務有限責任公司印刷
（桂林市臨桂縣秧塘工業園西城大道北側廣西師範大學出版社集團有限公司創意產業園　郵政編碼：541100）
開本：720 mm ×1 010 mm　1/16
印張：10.25　　字數：95 千字　　圖：45 幅
2016 年 3 月第 1 版　　2016 年 3 月第 1 次印刷
定價：26.00 元

《中華文化思索講義叢書》自序

自序是爲了説明這樣幾個問題，這是怎樣的一部叢書，它們希望解答哪些有關問題，它們用怎樣的方式去觸及與討論到這些問題，應該達到什麽目的。

最初，我打算寫成一部較能引人深入思考的有關國畫的書，力求圖文并茂，且能唤醒對國畫的思考學習，達到隨人深淺入時的目的。但當我開始動手時，便發現受到了空前的質疑，幾乎到了寸步難行的困境。我拜師學國畫至今已足有六十餘年歷史，有三十餘年致力於國畫教學的實施與國家重大藝術課題的撰編，自以爲可提出供當代國畫界思考的問題。實際不然，幾乎從任何角度提出的有關國畫的問題，都不能完滿指向當前國畫發展的根本問題。因爲國畫是畫畫，而當代所有對國畫的改造與教育都是教人畫東西，這個目的是根本不能繞開的，所有的論述都像是隔靴搔癢。於是，我祇有把想到的一些問題記録下來，久而久之，便成了有關當代國畫問題的『天問』，我越發不敢動筆了。但畢竟欠債終須還錢，二零一四年山東濟南替我建立了大隱國畫研究院，中國藝術研究院又要求我再回院帶國畫博士研究生，我難以推托不還文債的任務，衹能硬著頭皮，下决心把原來的文債清理出來。『天問』已是許多問題的根本了，這是一個尚未廣泛研究的關於中國現代化與古代中華文明重要取捨的人類大問題，都是由於『文化學』的异同導致的根本問題。

最終，我將數十年的思考梳理成了十本有關中華文化問題的叢書，以國畫、書法爲切入點，提出了淺入深出的思考。每册篇幅在五萬字左右，并配以一些插圖，無所謂對錯得失，衹是一個思考的履迹，文化來源於不同的文明，姑且將它們稱之爲『中華文化思索講義』，供看官茶餘飯後零星時間閱讀或嚼舌。許多問題均無解，也許無解才是真正的解，這就是這些思索的來由。既然我們將『文化』作爲當今社會的『共識』來討論，我們必定要明白『文化』是所有地球人的共同特徵。雖各户有别，然總有同一。文化是一切人類的共同特徵，是人類知與行的總和，衹有從這一角度出發，才能達到思維目的，這才是這套叢書的有關問題與研討目的。也姑且稱爲『文化學講義』吧。

再梳理一下，我以往的思考大致有三個重要方面與其他文明相别，在此也一并提出，供讀者鑒評。首先，我研究了世界主要文明的形成發展與沿革，而中華文明的形成發展是整個世界尚未涉足與研究過的。中華文明是最早由采集生存方式而形成定居社會的農業文明，是地球村中最早的『素食人類』種群形成定居的農耕文明。依據世界以往的研究，文化在文明誕生之後漸次形成，而文明形成的基本特徵是定居的農業生産，以往的研究均將農業定居放在畜牧業圈養定居之後，這是已形成定論的西方社會發展模式。西方所謂文明均由此説，但中華文明則不然。故依照文明生成順序，將中華文明稱之爲『第一農業文明』，這是文化形成的最基礎、最長久、最恒定的人類文明特徵，在一定程度上有别於『肉食人類』的基本文明進化。當今人類的發展不能不重新審視與研究這個問題。

其次，由於肉食與素食人群的原始生存方式與觀念有著本質的不同，因而在生命初期形成的與文化有關的、本質上是人類社會共識認知結論的世界觀（或稱人生觀、宇宙觀等，可統稱文化發展觀）也有根本不同的出發點與認識途徑。其中，社會文化共識觀念中最重要的『受、想、行、識』的產生過程與特徵所造就的認識結論，也有本質的不同。我經過不同的思考，指明了以往所謂的『文化』基礎研究，均以物慾的物質特徵爲基本中介或價值判斷的唯一標準爲實體證明，作爲社會共識觀念產生途徑的不足。而另外有一條以『人思所獲』的社會文化觀念作爲準繩的文化道路，主宰著更恒定的文化發展路途。這兩種文化有心理特徵的分水嶺，它們的認知發展途徑也不同。肉食民族的『度物所定』規則與素食民族的『人思所獲』原理，其本質的不同是思維階梯之區別。在承認『世上無兩片相同樹葉』和『人不可兩次跨越同一條河』的前提下，選擇實驗與實證的否定之否定的認知，當然不同於明白『滄海桑田』、『萬世不竭』之類天人關繫原理之後的把握，後者更現實、更穩准、更變革、更明確。故而，我特別地將中華第一農業文明又進一步稱爲『二階文明』，以有別於『物質都一樣』與『人心不一樣』的『證識』與『自識』的發展階梯。這也是這套叢書的『省思場』與『好望角』。

再其次，不同種群中人的個體生命，在共同的種族生命中，必須在同一地域環境與不同時空變幻中，在共生的集群生活過程裏代代不息地完成。這不可避免地將共識并傳承的社會文化觀念（即所謂『心識』）構架成種族人、社會人和個體人這三個永恒不破的穩定『鐵三角』。中華文明永遠重視這三者的運行關聯，并對其重要元素有獨特的解讀。當代一般會將『食、色』這兩個概念當成所謂人類種族的本能。實際上，這兩個最初源於中國漢字的重要概念，起初也不是指當今所謂人的『本能』。它們還指宇宙萬物中生物與非生物分類的群分與類聚特徵，最後含義的變化也基本是一切非生物『獸性』的隱喻。而中國更重視人類社會文化特徵。如果説『食、色』這兩種本能祇是重視了『人』這個種族的生存與遷延，它并没有重視每一個個體真實存在過的文化與過程，這根本不是人性和人的能力，而是所有生物種群生存的基本條件。中國文明認爲：人的本能更應該是每一個個體活著的全過程的應有能力。這才是人性的本質，包括對過去、未來的認知與處理方式和所歷時空的抉擇能力。我更着重於這個方面的思索，指出了中國文化中更重視『人活一世，草木一秋』的一切生命的過程，與『人活一顆心』且『心比天高』的文化特徵。這個『活』才是人性和人的本能的真正標識。西方所謂的『自然』，其實是指排除人在外的『天然』，這是他們實證與假設規定的有限原時空，將人類放入同樣的狀態下，當成由弱肉強食進化而成的種類，當然衹會有『食、色』的『禽獸』本能。而中國自古以來的『自然』，直譯就是每個人自己就在那裏面的永恒變化狀態，是那種自然萬物共融、共存、共生的永恒變化狀態。我們自在、自得、自行、自立狀態下成長形成的『自然』，正如自行車、自來水、自動化都是在個人自我的活動中才會『行』、『來』和『動』一樣自然，正是每個人都以自在、自得的真正人性活著立身、立行、立言、立德、立命等必要的、生而知之的本能結果。否則，中國就不會有『三十而立』的成人，更不會有『以文化成』的『成竹』。這類才是素食民族的文明必有的『素質』本能，我衹好將這種『學而時習之』、『有朋自遠方來』、『人不知而不愠』的社會化的集群本能稱爲『人類的文化本能』，我將其稱爲『第三本能』來提出論述。我的這套叢書完全貫穿著這三個與其他文明不同的問題，想借書畫琴棋諸般淺入的發問，逐步進入中華文化這個恒久、持續、深入發展的大殿堂。中央電視臺《東方之子》把我作爲第一位『文化學者』來推介，我也衹有被『逼上梁山』了。

最後，我再談談用怎樣的法理去觸及和討論這些問題。我不知道我已反復走了多少個來回，經歷了多少個不眠與驚覺，幾乎達到了『佛言不可説不可説』的地步。但仔細琢磨起來，根本就是到底選擇所謂的『現代化』還是選擇創造『中華文明』的問題。難道中華文明與現代化真是勢不兩立、不共戴天？其實，這正是近代對文化的誤讀導致的認識陷阱。簡言之，近代對中國的發展改造均建立在世界進入熱兵器時代的大動蕩中，現代化的趨勢即是取代落後的古代文明。這個風潮與運動已持續近三百年了。我在近三十年的深刻反思中，最難處理的，是中國古代文明恰恰在那個時代并不落後，爲什麽留給我們的衹有『落後』呢？難道和平的生産與個性、平和的需求與平等的交往都是落後和被消滅的人類文明發展的途徑和理由？中國古代文明留給當代的財富，主要是思維與認識方式等，這些都體現在與書畫有關的文物與文獻中，况且世界現代文明中也不乏古希臘的神明與哲思，那麽，地球村中現代化的『文治』，更不應該缺少從未間斷的中國文明的精髓。於是，我重新上陣，我要站在深入解讀不同文明的戰綫上來闡明這些問題。

不可否認的是，幾百年來現實的變化造成的物慾方便與豐腴，也會帶來心靈錯誤并産生更多的毁滅。這種情形不但存在於中國當代進程中，也波及到了整個地球村，已使所有固有的民族文化處於被『强權武力』改造消滅的境地。當聯合國强調要保護非物質文化遺產時，已快没有非物質文明可供保護了，而那些曾被抛弃荒廢的其他文明的古城廢迹又遭極端組織破壞了。中華文明却不間斷地發展了五千年，爲何却要將這種牢固的恒常指斥爲腐朽没落并加以改造令其消亡？當代文明在熱兵器時代的進步與分合，已演變成『殺人武器』的進化和比拼了，進而成爲物種消亡和地球古老文明『死亡』的必然。曾風行旋即消亡的『世界語』，消滅了地球上百分之七十以上地區的語言文字，讓聯合國懊悔不已。錯誤的世界語風潮自身雖已徹底滅亡，但不少國人還占據著語言學的席位，還在中國推行漢字改革走『世界統一拼音化道路』。結果使得中國這個中文版電腦最大使用國的漢字軟件一件也不能銷往世界，使中國認漢字的兒童大量成了近視，遂有了『近世進士，盡是近視』之謂。

我不得不多説幾句。自古竪排的漢字在古代『鑿壁偷光』與『囊螢映雪』的光綫下，尚不足以讓學子近視（衹讓他們心累而成痨病），而我們當今的照明改造與藥物和衛生方法，對防止兒童學漢字成近視幾乎不起作用，這是漢字横排替代竪排的直接結果。我經過十餘年的研究觀察發現，漢字作爲平面視覺符號，必經雙眼同時注視才能判斷記憶。仔細觀察平面竪排漢字，把它放在臉前，每個符號均與雙目距離等距，不影響共同調焦。而閱讀横排漢字時，雙眼幾乎皆不等距而須不斷調焦，大人尚可勉强應付，兒童就會十分吃力，如此學習，很容易形成近視。這才是現代近視低齡高發之原因。我真不知爲何漢字要向西方看齊采用横排。爲此，我囉嗦了這一段，并將本圖書大膽用固有標準漢字竪排（簡化字我稱爲『外幣兑换券』式體系），以表示捍衛漢字的决心。

實際上，這類錯誤還不少：化肥、農藥、合成製劑、基因拼接、空氣和水都面臨强勢的摧殘，那種將生殖器當成中國的『祖』，將龍、鳳都强加成中國『圖騰』（中國無圖騰）的做法衹是略見一斑。更不可理解的是，取消了中國度量衡的體制與規律，僅就古代中醫藥方而言，此舉就造成了很多麻煩，并增加了繼承的難度。然而，勞斯萊斯汽車的配件全部都還在使用英制，而且克拉、加侖、盎司、磅、打這類其他文化的度量單位却都在中國大行其道，難道這就是科學文化或全球化的本質，抑或是『奴化本性』？更有甚者，搞得凡中國人論『道』字，衹知談『形而上也』，那麼，我們怎麼知道『王熙鳳道』、『胡説八道』、『道在墻外』、『大道如常』呢？連『大道長安』也當譯『條條大路通羅馬』才合乎『現代化』了！我不想再牢騷下去，我衹想説：我這一套叢書，衹想用普通的漢語和漢字來闡述。而且我認爲：國學就是一切漢字漢語表述而留存的一切典籍文獻，我是在寫一本本的『國學入門』。

最後，我想説説爲什麼這套書要用『講義』來闡述和研討。講義，現在可當成一種『文體』，我讀大學時，幾乎所有基礎理論課與基礎技術課，都稱爲『××學講義』。在『學好數理化，走遍天下都不怕』的時代，能『講義』就不錯了，我第一本較有影響的書也就叫《國畫講義》。最初，古代漢字的『義』字，就是取其共識的含義。雙方各執一道（一畫，兩條不同方向的畫），我們取其共識，即交叉之點處，并用點標注出來，成為『乂』——此是最初創造的古字，非簡化字。後來『義』成爲和平處理社會問題的要法，不再用兩兩相商，於是將每個自我（我）放在符合社會共同大標準（即羊，社會共同規格之大表也）之下，即後來的『義』字。作爲標準的字形，『義』字，終成仁、義、禮、智、信『五德』

之一了，這才是『講義』的本質。它是在『仁』的前提下平和理性的行與知之共和之識，也是對前人尊重（『信而好古』）、對當代負責（『克己復禮』）與對後世期望（『慎終追遠』）的『識相』也。於是，我決定用講義這種『識相』，并通過書畫等文獻來解讀這套書及我對中華文明幾十年思考的有關心得。

我知道，現代人大抵豐富、複雜、自信、現實，重外相而忽視本質，重變化而不深入本體。我有幾個來自美國、義大利的博士研究生，漢語祇能比劃著説音節，而我却要指導她們用漢語寫『論唐伯虎的仕女畫』這類吴門畫派命題的博士論文！我們也有初等數理化都不及格的高中畢業生，外語考過了托福、雅思，就當了回研究符號學和現象學的『洋博士』，成功了，回北大清華當教授的『學者』。那些會幾句漢語的人也成了所謂『漢學家』，又娶中國老婆又拿中國津貼。所謂的本土『國學家』也祇知研究西方人如何研究中國、印度佛教和我們如何解讀西方了，可悲還是可惡！我也祇能説『如之何，如之何』了。

其實，祇要譯成了漢字的任何觀念，都有中華文化的思迹。西方當代所謂胡塞爾的現象學與海德格爾的符號學理論，在中國『現象』與『符號』二字範疇中不知已有了多少輪回、顛倒和變遷，并非西方所瞭解的『象』和『符』概念。如果將這些都寫入《十萬個爲什麼》，我又擔心引起更多的水蒸氣會下雨，説氯化鈉與一氧化二氢比説食鹽和飲水更科學更重要，以及更多的『皇帝新裝』之類的嘲弄。於是，我祇能選擇『天上無雲不下雨』這類的漢語來解決『講義』的『國學』了。

我個人的成長與國家的前進有目共睹，我們堅决不會拒絶一切具體的品質和能量等有利於人類社會生活的文化科學。但用强權强勢造成不可彌補的生命毁滅和人心死亡，那才將漸漸導致一切生命的消失。慎之！警惕！

總之，活著的人心所有的『人思所獲』才是中華文化之靈魂，我此身祇打算以此方式作爲生活之目的，也願會講漢語、識漢字的所有地球人對我所思的中華文化之要義作爲地球『文治』的發軔。

大隱

乙未七月十五于桂林無禪堂

目録

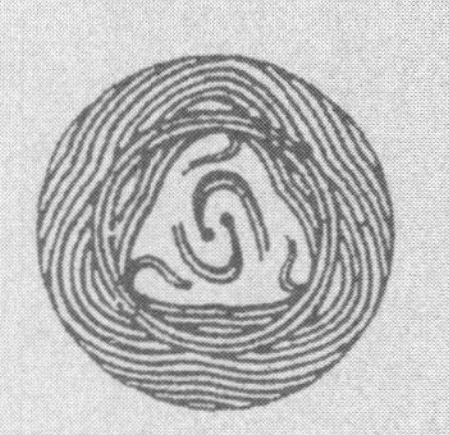

第一讲　换一副心眼

【一】從『公説公有理，婆説理更長』説起

對任何一件社會事物的觀察與議論，都會形成各自不同的結論。實際上，每一個『人』都有各自的目的與出發點。換句話説，個人都具備著社會成人的心眼。尤其對一個相當範疇内共同關注的較大問題，他們各自的心眼與共同心眼的調整和共識結論，就更爲重要了。其實，每個家庭中的任何一件小事，由於各人的出發點不同，都會引發出極大的分歧與争鬥，這是處理一切人事的重要特徵。我可以舉個在我父母日常事務中最常發生的小例子，當然，也是一個在當代才可發生的小例子。説起這個問題，平常得幾乎每天都會發生。

幾十年前我父母尚健在，一年立冬剛過，就到了我外祖父的忌日。姥爺的墳因城建搬遷，舅父們約家母忌日同去上墳補青。母親自然希望約父親同往培土燒紙。頭一天，萬里無雲。第二天

相約一早動身。當時公交、出租車均未風行，二老擬步行帶香燭同往。問題是，一早天陰，出門是否帶雨傘同行，二老卻產生了頗爲不同的見解，引起了幾乎全家不快的一場風波，故至今記憶猶新。

母親說：『一去就是大半天，天陰了如果下雨，就會淋壞了紙錢燭香。老頭子你帶上一把大傘，可以兩人躲雨。快點！』

父親說：『昨天「滿天魚鱗斑，曬穀不用翻」，今天哪會有雨呢！你們家怎麼那麼多事呢？十一月了，還上墳？』

母親說：『你才多事呢，「十月小陽春，桃李可開花」，再說昨天魚鱗天，「不雨也風顛」，今天不就陰了嘛？帶上把傘那麼懶！』

父親說：『你當你是諸葛亮借東風下春雨呀！不帶。』

母親說：『一把傘會累死你呀！今天上我們家的墳，你就聽一次我的話吧！現在男女平等了，你不要再擺架子了！』

父親說：『帶了傘不下雨，你又好丟，家裏衹有那把大傘了。男女平等，我一米八，你才一米四，站著和我坐著一樣高，還要指揮我！空手走吧，要不你拿東西！』

母親說：『你別「狗坐轎子不識抬」，姑爺半子，你也有義務。再說，氣象臺也預報可能有雨，還是帶上吧！』

父親說：『莊稼漢不知有雨没雨？可能有雨就是可能没雨。氣象臺經常報不准呢！你一個讀書人懂什麽天象吶？』

母親快忍無可忍了：『「未雨綢繆」都不懂還莊稼漢呢，你們家是地主，還懂天文地理呀！你真是個周扒皮，衹會半夜鷄叫！……』

兩個老人嘟囔了近一個小時還未出門。一把雨傘找來了諸葛亮，又找來了周扒皮。最後，把我們幾兄弟都叫來評理。大哥勸了爸爸，小弟勸了媽媽，兩個人才氣呼呼地出門。我們都感嘆：『公説公有理，婆説理更長。』最後我們三兄弟也争開了，該不該聽氣象臺那種『可能下雨』的預報呢？最後，大弟說：『聽權威的。』可誰是權威呢？二哥說：『還是誰對聽誰的。』這當然對，可大多數理論都是論未來呀，還没有出現過的人和事，誰知道誰對呢？其實大事小事基本都如此，更重要的是爲人自己吧！

好在上天幫忙，也來了雲開霧散的小艷陽天，也滴下了不濕衣衫的幾顆立冬雨，墳也掃得好，傘也用了，一撑一合没有丢。老兩口又各自逞能，嘀咕著自己是對的，高興回來了。大哥說他們一個說陰曆，一個說陽曆，大家都笑了。

按以往過年貼對聯的規矩，我們家人各撰一聯，公認誰的好用誰的。父親學歷最低，母親教師出身，我們均偏向母親。誰知那年，父親成了匹黑馬，他也許用的就是這個上墳的典故，他寫道：『男女平權，公說公有理，婆說婆有理；陰陽合曆，你過你的年，我過我的年。』連母親在內全家都交口稱贊而將其用作當年春聯，至今不忘。也許是大家都換了副心眼看人事吧！父親說：『不該用平等挖苦你媽媽個子矮，她心胸比我寬大哩！人該看一輩子，更要看八輩子呢！』聽了父親的話，其實，我這幾十年對中華文明的思考，已經不知道換了多少次心眼了。

【二】三生萬物

社會人的造就，就是從自身與自身之外的一切互動開始的，一切外物當和自己一樣，也具有獨特的自我心眼。不然，就不會有李白『相看兩不厭，唯有敬亭山』、稼軒『我見青山多嫵媚，料青山見我應如是』這類千古流傳之佳句了。其實，這我與非我就形成了内外兩個各自的主題。

當年我學習變數數學時，牛頓、萊布尼茨都强調了二進制對變數數學的重要作用，并再三强調二進制是中國發明的。後來，我被中南大學録取爲應用數學研究生時，才知道二進制是當代西方應用數學的基礎，我才想起了二進制是中國發明的這個當年讓我莫名其妙的西方命題。再後來，因爲自感年歲大而選擇了『畫畫越老越出名』的美術史研究生就讀。在幾十年的學習研究中，我才真體悟到中國文化對二進制發明的貢獻。真的，祇有漢語才道出了二進制的世界。任何一個漢字的概念都可以與其極端對立的概念形成一個對立的漢語詞彙，且包含了該範疇中的無窮集合而形成『二進制集』。例如：是非、大小、陰陽、俯仰、高低……因而，在中國人的心目中，有一個完整的二進制共同構成的宇宙。故才有中國人發明了二進制之説。一個有範疇的『無窮集』的無窮組合，才真正組成了二進制的文明。但中華文明不停留在『一生二』的生生不息之中，它還必須將『二』生『三』，這個『三』正是『二』這極端無窮集的互動了。這就是構成『我』（大我）與我之外的『你』（大你）這兩個互爲對立的無窮多等效元素的第三個元素『他』，而這個『他』即會使我（『一』）與你（非我，『二』）產生互動而完成『生萬物』的認識作用。所以，中國人講『石分三面』時，除了有陰面、陽面之兩面，必定會有第三面，即陰陽交替變化的『別開生面』。中國文明更重視的正是這個『三生萬物』的別開『生』面。當我們知道了生『二』之後的極端，而對兩端的把握莫過於『執中』而『平常』，這就是中華文明中最重要的『中庸』之來源。

既然，文化是人類社會文明發展的首要特徵，是一定種族、一定人群在特定時空條件下『知』與『行』的總和。通常來講，認識的最高端的『知』，與行爲的最低端的『行』，構成了某種『文化』的基本範疇，例如，我們在某個專題討論前自謙説『我不會説話』，以及在公共場合指評某個隨地扔垃圾的人『他真没文化』，就是這樣的界定。

中國是世界上公認的『四大文明古國』之一，也是唯一遷延至今的。據西方文化學者研究，地球上已有的二十八種人類古文明，至今衹有中華民族在原生地存活發展至今。遺憾的是，世界上還沒有人詳細地研究解讀過中國獨特的文明與文化。這在當今是一個不得不重視的現象。我以爲，當今所謂的『人權』主要就是指每個社會人的文化選擇權。中國人强調的『人活一顆心』與『有錢難買心中願』即指此。而所謂的文化，其主要便是指社會人的生存方式、思維方式、交往方式、記録方式以及他們的期望等。這些模式的形成與走向，便是我們研究文化學的目的之所在。既然我們發明了二進制，又有了『三生萬物』的人心思想，那麼我們探索中華文明時，不妨選擇具有一定代表性的文化產品作切入，以淺入深出的方式引人『入史明道』。我們就是希望對這個問題的思考，做一些仔細的認識與梳理。也許，這對於我們自身和地球村中的其他住户，都是一個啓迪和借鑒。

【三】中華文化的名實思辨國學思路

對中國文化的品論與評價，歷來有兩種説法與態度。一種是『自説』，就是中國人自己説自己的文化怎麼怎麼樣；另外一種是『他説』，就是外國人説我們的文化如何如何。這兩種説法在當代必定混合在一起，我們姑且叫『當代説』。組成『當代説』又有這麼兩條思路：第一條路是由現象學轉向符號學，這是德國的胡塞爾、海德格爾一派的思路；第二條路是更爲普遍廣泛使用的所謂『實證説』。

胡塞爾是德國著名哲學家，二十世紀現象學學派創始人，近代西方最偉大的哲學家之一。他發展了布倫塔諾的意識意向性學説，建立了從個人特殊經驗向經驗的本質結構還原的描述現象學。他提出了一套描述現象學方法，即通過直接、細微的内省分析，以澄清含混的經驗，從而獲得各種不同的具體經驗間的不變部分，即『現象』或『現象本質』。胡塞爾認爲，從個人生活世界向人類共同世界的過渡，是通過所謂主體間關繫體來完成的。這本質上就是一個人類社會學與文化學的問題。因而他提出的一些分析方法，在二十世紀以來的西方哲學與人文科學中一直具有重要影響。

海德格爾，德國哲學家，他在一九二零年成了胡塞爾的助手。師從胡塞爾期間，他熟悉了胡塞爾的邏輯學著作和早期的現象學著作。胡塞爾的現象學對海德格爾、梅洛·龐蒂和薩特這些西方存在主義的主要代表人物的影響巨大，以至於他們所完成的著作都有現象學的印記。

現象學不是一套內容固定的學說，而是一種通過直接的認識描述現象的研究方法。它所說的現象既不是客觀事物的表象，亦非客觀存在的經驗事實或馬赫主義的感覺材料，而是一種不同于任何心理經驗的『純粹意識內的存有』。

西方人認爲符號學是人類有關意義與理解的所有思索的綜合提升，符號學就是意義研究之學。它是二十世紀形式論思潮之集大成者。從二十世紀六十年代起，所有的形式論歸結到符號學這個學派名下，敘述學、傳播學、風格學等，也是符號學的分科。

符號學這個中文詞，是趙元任一九二六年在一篇題爲《符號學大綱》的長文中提出來的。在這篇文章中他指出：符號這東西是很老的了，但拿一切的符號當一種題目來研究它的種種性質跟用法的原則，這事情還没有人做過。他的意思是，不僅在中國没人做過，在世界上也没有人做過。趙元任之後，『符號學』一詞在中文中消失幾十年，中國學者真正討論符號學的第一批文章，出現於二十世紀八十年代早期。此時的『符號學覺醒』集中于索緒爾語言學，關心者大致上也來自語言學界。

『現象』這兩個字是中國人翻譯過來的，翻譯得非常好。但是我們研究現象學就會發現，胡塞爾本人就説不清楚『現象』是什麼。包括西方研究民族民俗文化的很多學者，他們都説不清楚『現象』。爲什麼説不清楚？因爲他們没有真正的符號。西方學者們在進行研究的過程中，使用的是他們熟悉掌握的語言。海德格爾也研究符號學，但是他找不到一種符號，最後把西方的文字變成類似『USA』這樣的縮寫體，但是不能超過四個字。由於現在用的很多，不再產生字母縮寫體的符號，根本原因在於他們的語言没有形成真正記録的符號。

無論是現象學中的『現象』還是符號學中的『符號』，衹要在漢字詞彙中就自動具有了中華文化的含義。『現象』一詞的重心是『象』，象是什麼，它是如何『現』出來而被我們研究的。如説『象』，中國有物象、迹象、天象、氣象、心象、意象、想象、大象等『萬象』。而就『現』來説，便有體現、表現、再現、展現、實現、變現、兑現等諸多『現』法。那麼，更會有無窮多的『現象』之爭辯與解讀，又怎麼能與西方所謂的『現象學』等同呢？同時，『符號』一詞在中國由來已久，從兵符到虎符，以及音符、聲符、字符、圖符等，而『號』也有號叫、號哭、號碼、號角、號令之類稱呼。故西方的符號學也不能得其要領的。要真正懂得中華文化，也應該讀懂中國的『現象』與中國的『符號』才行，它們才是建立中國當代文化學的前提。必須換一副心眼才行。

第二條研究思路是『實證説』。實證性研究作爲一種研究範式，產生於培根的經驗哲學和伽利略、牛頓的自然科學研究。法國哲學家孔多塞、聖西門、孔德等宣布將自然科學實證的精神貫徹於社會現象研究之中，他們主張從經驗入手，采用程式化、操作化和定量分析的手段，使社會現象的研究達到精細化和準確化的水準。實證性研究方法可以概括爲通過對研究物件大量的觀察、實驗和調查，獲取客觀材料，從個別到一般，歸納出事物的本質屬性和發展規律，并造就更多不顧全域的應用科技與技術成就，雖能促進目前經濟提升，但大多隱含著天然的弊病。近現代對文化的研究也大多基於此。

想通過類似西方所謂的『考古』實證來對中國文化進行研究，事實上是行不通的。因爲實證學是不堪一擊的。西方一開始就承認『人不可能兩次跨越同一條河流』（赫拉克利特）、『世界上没有完全相同的兩片樹葉』（萊布尼茨），既然有這兩個前提，所以一切實證本質上都是荒誕的。没有相同的時空，就不會有相同的結論，所以對歷史判定和對未來預測的實驗是不可以重複的。我們跟西方人學考古學，從地下挖出來東西以後，考證了大半天，證明中國古代的記載是對的或者證明記載是錯的，其實什麼都不能證明，因爲挖出來的東西已經不是『古代』的了。同樣的道理，解剖出來的眼睛已經不是人的眼睛了。要是不明白這一點，你永遠陷入西方的所謂『科學』——自以爲接近現實，而實際上是更主觀的僞科學——的旋渦中。

西方的古典科學，建立在數學與物理學的基礎上，須通過形數轉化、論證嚴密的科學理論，但前提是整個體系處於有限的質能空間。邏輯體系采用公理、定理、推論等古典邏輯來完成演繹。而在十九世紀末到二十世紀初，對於心靈活動的研究，確定了人思所獲的符號與現象，實證結論也隨之受到質疑。大量古典問題導致了許多新型物理、數學門類的產生，例如拓撲學、黎曼幾何學、模糊數學，等等。當時，著名的數學家們已經公認科學是能被否證的學問，而不同於神學的真理。因此，我們也應該換一副心眼對待、考慮作爲中國文化的研究方法。

很多人在論證的過程中要引經據典，我個人認爲，除了漢字的經典可以引用，一切西方的經典都不可以引用。爲什麼？因爲它們都局限於數、量、質這三個不可重複的概念中間。時間不能恢復，運動不能恢復，你舉那例子不能證明什麼。宇宙是無限發展的，人類也是無限發展的。但是西方所有的數據都局限在有數有限的空間，在無窮大的範圍内百分之一等於百分之九十九。舉個例子，任何一種藥，服用無效的人是百分之一，誰都可能在這百分之一裏面，你衹要吃了這個藥没有效果，你就在這百分之一裏面。但是一旦有效，你就是百分之九十九。對於無限發展的人類時空這兩個是等效的。怪不得我們永遠會有百分之九十幾的人缺鋅缺鈣，我看總有百分之一的人缺心眼，這對於無限的中國等效。然而無窮發展的時空恰恰是當代人類認識的基礎。想想，如果這一步跨不過去，你永遠停留在實證。

我們中國人一百來年的吃虧就是因爲舊社會在中西問題上的討論一直采取猶豫的態度。從明末西方考證方法的引進一直到清末的維新變法，形成了很多種方式方法，最後徹底被我們新的領導人的『中國夢』三個字給打破了。所有的實證主義都被『中國夢』給打破了。中國夢與實驗没有任何關繫，也與現象没有任何關繫。所以，我們對文明的正解就是必須要當代化，必須用現代的理論來闡述。認真反思近二百年地球村的變遷，人類生存條件不斷改善，也伴隨著巨大的災難，這些都不可逆，可怕的是終將導致人類族群的消亡。這一切灾難的根源均可追究到文化的差异與其導致的心性之不同，而所謂的强勢强權又歸結到殺人與毀滅天然之武器的掌控與競争，恐怕最後是『嚴殺盡兮弃原野』啊！

我們一定要以漢字和漢語來研究中華文明，中國的强勢與强大也證明了『文治』與『武功』的可行。特别是中華文明有了六千年不毁不移的經歷，我將其稱爲人類『第一農業文明』。我們漢字是最穩定的符號，所以我們要用我們中國人特有的符號來研究一切文化。

要研究某種文化群落，就不得不研究該群落生活的人的思維方式。思維，最初是人心借助於語言對一切事物的概括和間接的反應過程。它以感知爲基礎，又超越感知的界限。它探索并發現事物的内部本質聯繫和規律性，是認識過程的高級階段。思維對事物的間接反映，即它通過其他媒介作用認識已知事物，并借助於已有的知識和經驗、已知的條件推測未知的事物。思維的概括性表現在它對一類事物非本質屬性的摒弃和對其共同本質特徵的反映。

要研究中國文化，首先不能回避的問題就是中國人的思維方式，就得研究中國人的思維是如何進行的。要研究這個問題，我們不可以回避漢字和漢語這個載體，因爲這個載體它直接承載了文化信息。研究中國人的思維方式，必須明白，中國人以共同的**社會文化觀念爲思維媒介**，**而不是以物質中介爲邏輯基礎或思維媒介**。要把握兩個關鍵點：一是『有名無實』，二是『名存實亡』。關於這個問題，我們以《道德經》爲例來説明。

《道德經》第一章：

道可道非恒道名可名非恒名無名天地之始有名萬物之母故常無欲以觀其妙常有欲以觀其徼此兩者同出而异名同謂之玄玄之又玄衆妙之門

我句讀《道德經》與所有的前人都不一樣。我是把它當作一部道學（哲學）著作來點的。第一章它解决的是四個問題：什麼是『道』，什麼是『名』，什麼是『無』，什麼是『有』。什麼是『道』？能説出來的就是道。『名』呢？寫出來的就叫作名。成語『莫名其妙』，就是你不知道寫出來的這個字，它的奥妙在什麼地方。所以，老子一開始就講『道』和『名』。

那麼，西方對科學最前沿的定義是什麼，什麼是科學？科學就是能够被否證。記好這話：被否證。比如，你説用直尺和圓規三等分一個角是無解的。你要證明它没有解，這個命題才是成立的。我們中國也是這樣。公孫龍子講『堅、白、石三者，非二也』。堅硬的白石頭，堅、白、石，質、色、名是三個命題，不是堅硬、白石頭兩個命題。後來他馬上進一步告訴你：白馬非馬。爲什麼他强調白馬非馬，而且你要承認呢？如果你承認了白馬非馬，他馬上就可以證明黑馬非馬、大馬非馬、小馬非馬，最後就證明了『馬』非『馬』。因爲『馬』非『馬』了，我們才有『拍馬屁』這種詞，有『馬馬虎虎』這種詞。是吧？因爲白馬非馬了，『馬』就是一個『名』了。『名』不是指『實』的。它就作爲一種符號跟任何的符號搭配了。拍馬屁不是拍馬的屁，馬馬虎虎不是馬和老虎，因此，他最終的目標是證明『馬』非『馬』。他是一個名家，就告訴你有『名』就無『實』了。『名』成立了，『實』就不考慮了。

老子就深深地理解了這一點。因此他在《道德經》第一章首先就談論了關於『名』的這個問題。這第一章應該是按照古代的卜辭句式來斷句，不是按照《三字經》斷句的。『道可道，非常道；名可名，非常名……』這是胡說八道，非常不講道理的。應該是：『道可，道非，恒道。名可，名非，恒名。』比如，這是煙缸，這不是煙缸，煙缸在哪兒？說出來的『道』，已經區分了，恒定了。如果這是煙缸，那也是煙缸，所有的都是煙缸，煙缸是哪個？没定。所以，『道可，道非，恒道』是這樣斷句的。《道德經》的原文是『恒道』，爲了避諱漢文帝劉恒的名，後面才改成『常』字，『道』定了。

『名可，名非，恒名。』能寫出來的稱之爲『名』，比如你是王國維，定了。如果你是王國維，他也是王國維，『王國維』這個『名』還没有定。也不能說王國維不是誰，那還是没有確定。

接下來定另外兩個字：『無』、『有』。『無』是幹什麼的？『名天地之始。』『無』這個字寫出來是爲了『名』，用『名』來表示天地之始的。『有，名萬物之母。』『有』說明的是萬物未產生的那個『母』。這一章解决的就四個字：道、名、無、有。

『常無，欲以觀其妙；常有，欲以觀其徼』，要在『無』的狀態下體悟宇宙總體的奥妙，要在萬物生發的『有』中觀察其變化之關鍵。『兩者同出而异名』，兩者都是爲了表示我們認識的世界，從我們心頭出來的『异名』。我們把對這個世界理解的不同的説法説出來了，『同謂之玄，玄之又玄，衆妙之門』。這才是一篇哲學著作的開場白。《道德經》第一章按我這樣解全解得通，不這樣解後面全解不通。所有的注解都没有解通。

老子這樣的定義非常準確，他與西方最前沿的科學定義是吻合的。上世紀我考數學碩士的時候，我跟我的導師辯論，最後我的導師輸給了我。説爲什麽一加一等於二，他説這是規律。我説不對，這是規定，是數字初級運算的規定。在中國一加一不一定等於二。一隻筷子加一隻筷子可以等於一雙筷子，一尺布加一斤米等於一包米。所以，没有量詞你才能相加。一個蘋果加一個蘋果等於兩個蘋果，對嗎？一隻羊加一隻羊等於兩隻羊，對嗎？事實上都不對。它可以是一對蘋果，也可以是一隻懷孕的母羊。所以，祇有『1+1=2』是對的，因爲這個時候的『1』和『2』與具體的實體無關，它僅僅是個運算的符號。我老師後來就同意了我的觀點。再後來，我查閲了西方最前沿的科學對『數字』的定義，它是這樣説的：數字，是人心所思所獲的可供運算的符號，它祇供運算（運算亦可翻譯成邏輯）使用，本身是没有實指意義的。

西方科學發展到羅素他們的時候，又有一個數學家在英國坐牢，他就説過這樣的話：你要給我一匹狗，我通過邏輯的運算，可以把它變成一個人。羅素把它當成一個著名的理論來講。我告訴你們，這在中國太容易了：這是一匹狗，那麼『狗腿子』就是一個人了。太容易了，爲什麼，因爲中國人已經完成了漢字作爲一種符號的全部工作。這是世界上唯一的、空前絶後的符號。像漢字這樣的語言文字以後也不會再有。我會在《二階文明》的内容中詳細講這個問題。

我們經常説，人死了就變鬼，但是還有一些不死的人呢，誰？比如李白，李白没有死，你什麼時候説他，他都是李白。蘇東坡没有死，唐太宗没有死。爲什麼他們没有死，因爲他們的名字在。爲什麼他們名字在就没有死？因爲有『名』就無『實』。這個問題在下一階段的《二階文明》我會專門講。

我詳細地研究了公孫龍子。中國人的認識中不存在客觀、主觀，他衹有一個社會文化觀念的東西。還没有形成社會文化觀念的就叫『异名』。爲什麼我要研究二階文明呢？中國人他絶對不是拿實物這個東西來説事的，所以我在《二階文明》裏講中國的文明是二階文明，它没有與實物發生絶對聯繫的名實關繫。西方文明是跟實物發生聯繫的。因爲這個二階文明有了，我們才可以研究『字裏行間』。『字』可以任意組合。

有一天我要個學生去找『風』字有多少組合，他找了很多。最後我問他『風』是什麼意思，他說不知道；那『風』字是什麼，他說『風』就是個符號。我説對了，就這句話答對了。這個符號在我們的字裏行間會有完全不同的含義。風，你可以當一陣風，也可以當風流、風雅、風氣來講。雨，也可以當朋友講，『舊雨新知』就是指朋友了嘛，對不對。它會在瞬間轉化，狗變成了人，人變成別的什麼東西了。

實證不可以用來證明我們中華文明。我們中國人原來也不『實證』。中國人都知道『有錢難買心中願』與『良心多少錢一斤？』的土話，仔細琢磨一下，就明白『實』是不可以『證』的。但是『理』却是可以永恒的，道理可以永恒地説明問題，雖然不一定百分之百説明得了，但是在是非關繫的問題上是可以説明和推論的。所以，在這些範圍内，我們所講的東西都是道理上的推論。我不會去引經據典説人應該有多少種、該怎麼區分，等等，他們這種方式并不能證明什麼，不管是誰説的，衹有能説明道理的才是永恒的。

關於宇宙、自然、天地、時空、生存、集群、勞動、文化、原始等詞，都有我們自己民族本有的一些内涵和意義。這些漢語在被翻譯成爲外語之後，當中能保存多少中國文字本身所獨有的文化信息我們就管不着了。但是作爲這些文字創造者的子孫，我們不得不去挖掘和分析這些文字本身原本就附帶的信息，這是傳承這個文化命脉所首要做的事情。比如説『宇宙』這兩個字，這詞古代也有，但是在現代它的意思肯定是不一樣了。你可以説宇宙是大爆炸產生的，那我問你誰爆炸啊，誰讓它爆炸啊。你可以反駁，説我們是『假定』的。那麼問題來了，假定可以推論嗎？所以，我不再引用西方的理論。我承認他們的研究成果，我説的都是我的理論，我用他們的詞，用我對他們的理解，你們也可以用你們的詞來理解他們。在這樣的前提下，我們用現代的漢語繼承了現代的漢字，來説明中國文明的原始狀態。這就是我們要換一副當代中國心眼的緣由。

太一陰陽圖壁畫　漢　河南洛陽卜千秋墓

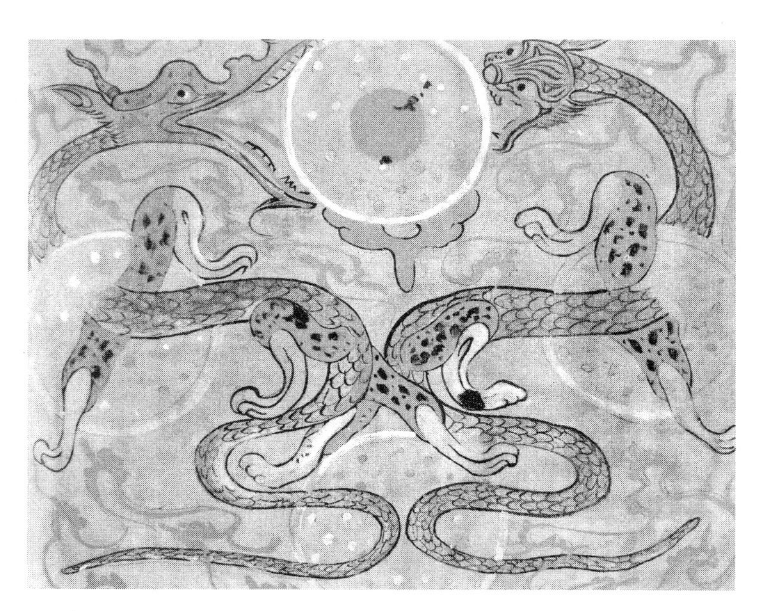

《熹平石經》拓片　東漢

第二讲　天设地造

【一】從『一江春水向東流』想起

我們知道，地球人的文化均有處所，這必定是類似于文明定居發展的『門户』，因爲作爲社會人，不但有種族的不同，也有『一方水土養一方人』的造就與養護，這些正是造就文化差异的重要原因。人們定居之後的生存方式與互動方式，我認爲是最能影響文明發展的基本原因。我們常認爲生存下去的食物、水和排泄物及安全空間與情感需要等，都形成了居留或遷徙的最基本原因。那麼，我便從這方面入手，來考察中華文明特有的天設地造生存處所的特徵。

人們從定居到遷徙，是爲生存所逼迫的；人們能聚集定居，也是要解决生存、交往、繁衍這些共同的重大問題的。縱觀人類所有的文明歷史，衹有中華文明自六七千年之前，就始終駐扎在這塊巨大的故土之上，始終起落榮辱地蓬勃發展，使中國成爲當今第一人口大國。這本身已經説明了這一文明的特徵。這是我們不能不面對的一個首要問題，難道這是老天爺給我們特有的眷顧嗎？必須找到中華文明的特徵來。

衆所周知，在當代西方考古學研究的成果中，古人類文明的遺址大多已成爲文明已消亡的遺迹，多數荒廢在已遷徙的沙漠、叢林中，或者聚集在已被掩埋的河流故道、峽谷兩岸的臺地上。其中一些很可能是缺水流、水源而導致的遷徙所引起的。而在五六千年中華文明的古迹之當代考古發掘中，除了少量歷史荒迹位於如今邊緣區域的沙漠高原外，主要的仍是人們照常生產生活的村莊。幾乎每一個重大史前遺存，都用今人特地劃出的當今生活遺址來保存。爲什麼幾千年前古人的聚居遺存仍然能够生活繁榮，難道没有窘迫戰亂與灾荒嗎？

我展開了世界歷史地圖。在人類成長的古迹遺址上，幾乎布滿了歷史上的各種遷徙痕迹，但中華民族却没有大宗大量的遷徙痕迹。爲什麼這是一個數千年里連村莊都没有明顯遷徙痕迹的民族呢？我在多年默默的思考後，眼前突然一亮，注意到了中華民族天設地造的兩條母親河，特别是那條曲折蜿蜒的黄河。我耳畔又突然響起了一部著名抗戰老電影中的一首歌，那是近代史上最著名的電影之一，共分上下兩集，上集名《八年抗戰》，下集名《天亮前後》，由著名女演員白楊主演。而這部片子就以這首主題歌聞名，叫作《一江春水向東流》。全劇描述了抗日戰爭給中國人民帶來的災難與痛苦，曾多年內多次上演。整首主題歌貫穿頭尾，歌詞衹有兩句：『問君能有幾多愁，恰似一江春水向東流。』這是一首非常膾炙人口的歌。而且，一般喜愛中國古詩詞的人都知道，這首歌歌詞源於南唐後主李煜的一首流傳了千年的《虞美人》詞。原詞如下：

春花秋月何時了，往事知多少！小樓昨夜又東風，故國不堪回首月明中。
雕欄玉砌應猶在，衹是朱顏改。問君能有幾多愁？恰似一江春水向東流。

我們仔細看看，這裏面創造了很多經典的用詞。『春花秋月』，就是直指春秋，而《春秋》又是中國最早的一部史書。那麼在歲月的流失當中，『春花秋月何時了，往事知多少』？往事有多少呢，未來是否又更多呢？我們中國人對環境非常重視，爲什麼最後他要把這個環境看得這麼重要，而又有多少的生活磨難讓人不自覺地『問君能有幾多愁』？這個『愁』怎麼回答啊？我們没法去計量這個愁的多少。我們古代用書的量可以計算，我們形容書多可以叫『汗牛充棟』。因爲古時候的書是在竹簡、木牘上寫的。牛來拉書都拉出了汗，書籍堆放已充滿到屋子的横梁上，這個是可以用重量、體積來衡量的。但在這裏，問題是『問君能有幾多愁』，該如何去衡量呢？怎麼回答？他輕輕隨手一拈：『恰似一江春水向東流。』」他是南國的小皇帝，望著一江春水，道出了如此的感嘆。

我們看看古人是怎麼看江水的。如果是對著江水的來勢看，他容易感覺到洶涌澎湃。但是如果是往江水的去勢看，可能就產生失落的感覺了。你看，『子在川上曰：「逝者如斯夫」』，一定是往下流看的。那好，這就説明了我們中國人面對河流，從不同的方向觀察是有著不同感受的。

那麼，面對江水，我們用了『水』這個概念，這又在文化上有哪些表述形式呢？想想可謂無止盡。如果加上它的比喻聯想，更可以永遠無窮無盡了。除了『水漲船高』，也有『水也覆舟』；既可『上善若水』，也可『洪水猛獸』，還可『水性楊花』。文人雅士們可以用『水中色』來評析書畫面色。劫財草莽也可用黑話將有銀子的對象稱爲『上水』，把有可以換錢的財物的對象稱爲『中水』，而把什麼錢財都沒有，衹能以他的肝腸下酒的光身客人稱爲『下水』——而今日已經成了動物内臟的通稱了。而且，『下水』也有失足犯錯誤的又一層含義，更不用説水貨、水頭、水話等關於『水』的聯想了。李後主爲何在『問君能有幾多愁』之問後，淺入深出地吟唱了千古不朽名句，也許正是因爲人類不可離開水，而人生的歡愁都可以用不同的水來表述。『久旱逢甘霖』、『風調雨順』説的是水，『嚎啕大哭』、『相思流淚』説的是水，自然歡愁都可借水而喻了。我又想到，他用『一江春水』來比擬無止無盡的愁，真是與天然的春雨和春心萌動的惆悵再合拍不過了。而『向東流』正是生氣勃勃呀！我忽然想到了世界上的大河，有誰是向東流呢？我找到了世界地圖，一遍遍仔細琢磨，才真正發現：在整個地球村的地圖上，我們中華大地上有著世界上爲數不多的從古到今都由西向東流入大海的大江大河，也許衹有中國人才配歌唱這種天設地造的『一江春水向東流』之時空啊！

更重要的是，我們這兩條世界五大河流之二的河流，恰恰上下蜿蜒分布在北温帶範圍内，處於世界上面積最大的洲——亞洲最完善的部分。這真是上天老爺的厚愛與地球婆婆的賜予。這決定了中華文明在地球上得天獨厚的位置，即占據了衹有早晚差距而没有明顯季節差异（即星象變化與地物差异）的最廣大而又同一的四季分明、周期變化相同的最大地域。

我們都知道，先古時期我們人類還不能完全離開水源而生存，衹能在大河兩岸生存。當季節發生變化時，南北走向的大河上下游往往處於不同的季節，如北部是旱季而南部可能是雨季，這樣一來，在旱季的時候，人類乃至所有動物就會沿著河流往位於雨季、有水的區域遷徙。他們可以根據河流所處的季節而找到吃的。而我們這兩條大河完全是另一番景象。比如黄河，一到了冬季，大河的整體幾乎是一片冰封，正如毛澤東的詩詞所寫『北國風光，千里冰封，萬里雪飄。望長城内外，惟余莽莽，大河上下，頓失滔滔』，就是這樣的一個景象。河流從西到東在同一個季節區域裏，水流量雖有季節性變化，但在同一個時間，不同的河段幾乎沒有不同。這樣的條件，就給我們帶來了非常多的困難，比如上游是冬天，下游也是冬天，如果你沿著河流走到頭，你照樣找不到吃的。可如果是在尼羅河就不一樣了，你在這個地方是冬天，也許往南走它就變成夏天了；這個地方沒有吃的，你可以往上游走。所以，那種南北走向河流的地域有這樣的諺語：『與其等著下雨，不如朝有雨的地方走去。』在我們中國不行，你左走右走都不行，你若是往南北方向走，沒有水你也活不了。所以我們看這兩條由西向東流的母親河——長江與黃河，它們最明顯的特徵是由西向東貫穿了中國大地。北方有黃河在中游拱起再轉幾個彎，形成了九曲黃河，南方又有長江往南拐了個彎，形成了一個以黃河、長江包圍的中原大地。

我們仔細看這兩條河流，是不是像中國的葫蘆啊！而恰恰中國的開天盤古，據考證就是葫蘆。它也是春種秋收，嫩的可做瓜果食品，老了留種又可剖成天然的容器。這種『一江春水向東流』的歡樂苦愁，正是『生命水』的周期變化特徵，也是中華文明的驕傲，我們當仁不讓地是世界上東方主水的一條龍。

【二】何處黄土不埋人

我一直認爲，人們真正認識『生』，是從他們認識『死』開始的。正是瞭解整個生命不可重複、不可停頓、不可永恒、必須死亡的一切過程，人們才可能希望追求『生』不可以達到的一切欲望。這才成了生命本已自我實現的不同階段期望與永恒追求。現代動物社會學的研究，已初步認識到某些社會性動物似乎有了同類死亡的傷痛或悲哀，也許有了类似掩埋尸骨這樣的行爲。但不可否认的是，人類文明最初必定會以原始的方式對待生命已消亡的同伴之尸身，并期望他們有更好、更長久的『再生』，也許這正是一切文明之出發點。這一點在中華文明中體現得最早、最長久與最永恒。這體現爲以土葬爲主要習俗，以孝爲基本禮儀。所以，在感激老天爺賜予我們『一江春水向東流』的天時地利時，我們更應該感謝在最重要的這兩條大河周圍，皇天給我們安排了可供『生死依賴』的黄土。難道老天有眼，看到了中華先民們的黄皮膚，還是他們的皮膚被土地與河水這『水土』所染黄？而且，他們也就老死在這黄土中。在中國有句傳頌得非常古老的話：『何處黄土不埋人。』正是如此，中國人借黄土期望了新生。我們也可以由此而得知，中國人生前就是依靠黄土的『掩埋』而生存的。

在原始社會中，人類可以靠獵殺野生動物獲取食物，狩獵成爲生活在南北走向河流流域的民族的第一選擇。居住在那裏的民族有這樣的諺語：『與其等著下雨，不如朝有雨的地方走去。』這正是反映了該民族生存環境的特點，即狩獵成爲其生存的主要特徵。然而在温帶東西走向大河流域没有深山大林而衹有黄土高原的原野上，人類就不可能依賴狩獵生存下去了。黄河流域不是遷徙動物的過冬之處，人們更不可能靠狩獵過嚴冬。因此，這樣的做法在我們中國大地行不通。中國的河流大多是東西走向的，上下游的氣候與季節相差不大，上游與下游水量相當。一旦你離開河流朝南北走，就會因爲没有水源而没法生存。所以，這就促使中華民族更早地選擇了定居作爲生存的主要方式。在中國古代，凡是南北走的下場都不好，你看許多神話裏頭都説明了這樣的情況，如夸父追日：『夸父與日逐走，入日；渴，欲得飲，飲於河、渭；河、渭不足，北飲大澤。未至，道渴而死。弃其杖，化爲鄧林。』夸父朝北走，渴死了。大家可以找找，還有很多這樣的故事：娥皇女英南巡，給水淹死了。你看，往南北走，不是渴死就是淹死。這些典故，我們不要輕易放過，要拿來認真研究，最後發現這些故事都能説明我們中華民族的農業文化特徵。如果是往東西走，在冬天也没喝没吃。怎麼辦？所以，這樣天設地造的自然環境迫使我們定居下來。

定居需要什麼？需要食物、水與巢穴。這正是黄土高原給我們提供的。一般來講，人類在進化過程中屬雜食性動物，現在類人猿與靈長類動物基本如是。早期人類種群因爲生存方式不同，獲取食物的方式當有所偏重，多以狩獵動物肉蛋或者采集植物籽實莖葉爲主要食物來源。由於中華民族先民所處的特殊的氣候地理環境，他們的生存方式衹能以采集食物爲主，以漁獵方式爲輔，來適應黄土高原坡地爲主的地理環境。必須注意的是：中華民族所在的黄土高原——這片土地是世界上唯一的黄土高原，它又有世界上最廣大、最厚的土層，而我們現在的科學研究還不能完全解答出來黄土高原是如何形成的。它不是哪裏刮來的，不是衝積而成的，也不是地殼運動帶來的，更不是突然就有的。我們現在已經在河北發現了一處古人類的居住遺址。經過考古發掘，裏面出土了古人類居住使用的一些遺物，已經有兩百萬年的歷史。可見，中華先民們在這樣厚的土層上生存、繁衍了那麼長的時間。這深厚的土層也是老天爺給我們的。因爲有了這樣的土地，有了這樣的河流，我們才能漸漸定居下來。

因爲生存方式是以采集爲主的，原始人類衹能靠貯藏籽實的方式度過無草木采集也無獵可狩的冬季。他們衹能像不少動物那樣，將采集的食物埋藏在黄土中保存下來，同時，爲了抵禦寒冷，也可掘地而蜷縮起來蟄居。因爲黄土土質比較疏鬆，他可以挖一個深坑把東西埋起來，事實恰恰證明是這樣的。我們中國最早的房子就是挖個洞，我們看現在的很多漢字如『窖藏』的『窖』、『穴居』的『穴』字，不都是一個房頂底下有個坑嗎？中國人最早就是掘地而居，地裏面的温度可以保暖，同時埋藏的東西也不會腐爛。直到今天，依然有很多地方會把根莖類食物，如土豆、紅薯等，埋藏在地窖裏以防腐爛。這就是中國人最早的生存方式。這種生活方式決定了他們很少打野獸吃。野獸的肉容易腐爛，加上冬天你也找不到野獸，而種子食物能够保存下來，因而史前人類還是以種子食物爲主。原始人的生存方式必定是以采集爲主，把采集的東西收藏起來，度過寒冷的冬天。這種原始的采集方式，就形成了中國農業的特徵——以自然生長的植物種子爲主要食物，有采集收藏、貯存、等待的周期變化，他們尊重的是自然變化的規律。這就形成了中國史前人類的基本生存方式，這也就是第一農業文明的基本生存方式，即由采集文明轉换成農業生産社會。這個時候由采集、定居、生産所構成的生産方式被我們稱爲『第一農業的生産方式』，而全世界衹有中華民族能這樣進化。所以，我們把中華文明稱爲『第一農業文明』。『第一』，從數字來講，它是指最先定居、最先完成農業生產、最先從采集種子變成培養種子的農業方式。爲什麼叫『第一』？這個『一』是橫著的漢字『一』，而不是豎著的『1』。豎著的『1』是任何文字都可以用的，而這個橫著的『一』却衹能在漢字裏頭用，這裏所講的『第一』也就是指最初、最原始、最本質的生存狀態。

中國人把土中的動物稱爲『蟲』，故把虎稱爲『大蟲』，把蛇叫『長蟲』，連人也被稱爲『裸蟲』了，可見中國人的黄土之情。因而，我們自然也可以説『何處黄土不埋人』了。這種非常厚的土層中間有沉寂的山石，整個這樣的天時與地利，促使定居成爲中華民族生存與繁衍的方式。地處北温帶的長江、黄河與黄土高原有著同樣的天時、同樣的地利、同樣的氣候周期，這樣的條件造就了我們的祖先，促使我們祖先盡可能早地定居。他們的定居方式是『穴地而居』。在南方，有水上搭架子、幹欄式的居住形式。

根據現代考古的發現，我們定居的歷史有八千年以上。裴李崗文化遺址的發現就能證明。出土的種子與各類陶器證明了我們的祖先早在八千年以前就已經定居了。

【三】 黃河之水天上來

隨著水土的發現，隨著當代對地球村的認知，我們更進一步瞭解到，中華文明還另有與衆不同的水源之來路哩！

我們的古詩曰：『黃河之水天上來，奔流到海不復回。』這真是說出了陸地上河流湖泊的淡水來源與去處。如今我們都知道，一切陸上生物都需要淡水。陸地上的淡水主要源於天上來的雨水以及兩極與高地的古冰川消融的雪水，南北兩極成了地球的淡水庫。雲、氣、風、水的運行成了地球村生命運行的要素。一切文化中關於文明的認識，都有著這類基本元素。中國人『一方水土養一方人』、『風水寶地』等觀念中的水、土、風就是指這類元素。處於北温帶的中華古文明區域，自然有明顯的四季周期變化規律，有著所謂『風、花、雪、月』或者『風、月、雲、氣』等不同的變化周期。自古以來，河流湖泊的『水土』當是人類生存最重要的條件之一。老天爺不可能時時往地上送雨水，因而，土地保存水分的能力與河流不斷水源就成了影響古人類定居的兩大要素。從當代的科學研究中我們欣喜地得知，在北温帶文化圈的長江、黄河這『兩河流域』西北部的高原沙漠周邊，是地球最近一次板塊運動形成的『第三極』。咦！第一農業文明發源地，又有了一個兩極之外的『第三極』，這是地球上一個至高的極地，爲除了兩極外最大、最厚的古冰川區域，不但孕育了許多古生物，也儲存了大量的淡水（冰川）。從世界最高的山脉喜馬拉雅山脉往北的岡底斯山脉、唐古拉山脉、巴顔喀拉山脉、崑崙山脉，以至東北部的横斷山脉、祁連山脉，漸次形成了冰川環繞的中華大地。從高原到南方的山谷、北方的沙漠，依四季變化給中華文明的大地始終不斷地供給著純潔的雪水。這個了不起的『第三極』，才是蒼天對中華民族最大的垂青。它不僅是『黄河之水天上來』的源泉，也是『不盡長江滚滚來』的源頭。有了這樣恩賜的水源與水流，我們再不妨回顧一下歷史上中華民族所處的『兩河流域』的文明大地吧！

從黄河流域的北部來看，自古以來都有西王母瑤池與龍來源西土、禹是一條蟲、出龔中這類文明記載。黄帝問道於崆峒廣成子，廣成子以『翻天印』法寶而下八百里秦川，是由西北下中原興周、秦、漢。再追溯至蘇武牧羊北海（現俄羅斯貝加爾湖，屬北極圈）與魚雁傳書的傳説。至隋唐，又有長安北涇河老龍王『以涇川入黃河而行雨違天命，魏征夢斬老龍而使三太子變白馬取經』，亦是西北高原入河洛。再往東，北京北面由壩上而下，亦是西夏、蒙元。這與中原交往之格局，都暗含著一整條中華文明與其他文明的『交通』綫索。唐詩中已有『瑤池阿母倚窗開，黃竹歌聲動地哀。八駿日行三萬里，穆王何事不重來』（李商隱）的名句。在古代，已有《山海經》、《穆天子傳》、《神仙傳》等諸多典籍，作爲以漢字記録文明的『文獻』，可以供我們下大力氣深入研究弘揚，這些遠比古希臘神話史詩更豐富、更切實。

再往長江流域，同理可讀到『蠶叢及魚鳧，開國何茫然。爾來四萬八千歲，不與秦塞通人煙』這類『地崩山摧壯士死』的『難於上青天』的古老傳奇，也有『望帝啼鵑』的『不如歸去』。當然，《吳越春秋》中的伍子胥、『七擒孟獲』的諸葛亮、『馬援征交趾』的『南海還珠』，都幾乎成了正史的注脚。文姬歸漢與文成和蕃的交往，不正是這個奇山險水中的一瞥嗎？而如今的『一路一帶』，以及近代發現的石寨山古墓羣與三星他拉紅山玉文化所反映出來的古國痕迹，也是與傳説中的女兒國、夜郎國一樣的生動永恒。這些都是中華民族共同的第一農業的大中華。

有了這個地球村『第三極』的水源，河流、天象、水源所構成的三個天地氣象的特徵，共同讓我們驀然發現：我們中國人在這麼寬廣的領地中間，自然環境幾乎是一樣的，天氣變化也幾乎是一樣的，看見的天象還是一樣的——我們都能看見北極星、北斗星，我們看見的日月的運行都是一樣的。那麼，我們非常正常地就感覺到在這一塊土地上生存的人們非常容易把人和自然共同對待。黃河、長江不像尼羅河，你在尼羅河上游和下游的感受是不一樣的，上游漲水，可能下游就泛濫。我們中國的河流上游漲水下游也泛濫，但是在下游泛濫的時候人後退就行了。其他河水的流入匯集，會引起水量、土壤、濕度等的變化，這些變化可能有不適宜人生存的因素。雖然這塊土地也有不適宜生存的時候，但是它處在北温帶，冬天不會把人凍死，也不影響鳥獸的遷徙——大部分飛到北極繁殖的鳥類，以及一些往南遷徙的北方鳥類，它們往南或北飛的途中會到中國這片土地上做休整或者度過冬天。在這個温和的地帶，這種温和給人的耐受力既能受熱也能受冷，它不走極端，統一的天時、統一的地利。在這樣的環境裏，它造就了中華文化這樣的文明，在這樣的文明裏很自然地一樣天時、一樣地物。春天來了，百草叢生，河流上下都是一樣的。所以人們很自然就會把自身的感受跟自然的變化聯繫起來，這就是中國文化最初的狀態。同樣的天時地利，造就了中國人的參照標準，而參照的標準很自然就是自然的變化周期。在這個總體格局中，你在困難時往北或往南走，都是没有水喝的；往東西走，没有東西吃。我們現在不是形容一個人没出息就説他『東游西蕩』，説他有出息叫『走南闖北』嗎？那麼，中國如何漸次在這裏克服萬難定居下來，這天設地造的環境挑選了怎樣的中國人呢？

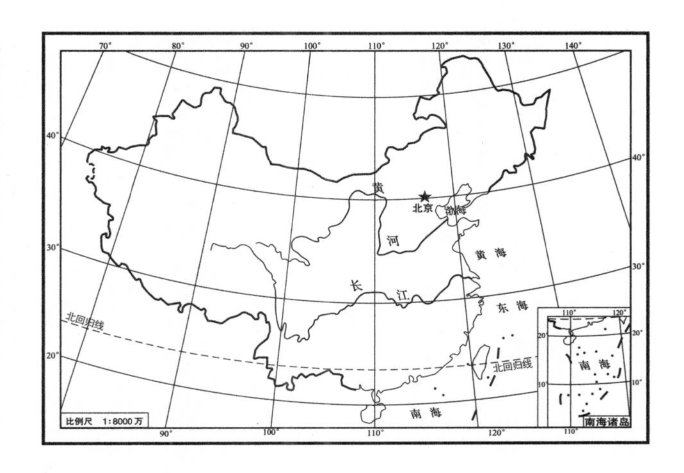

我國的長江與黃河（審圖號：GS（2008）1837號，2008年6月，國家測繪局製）

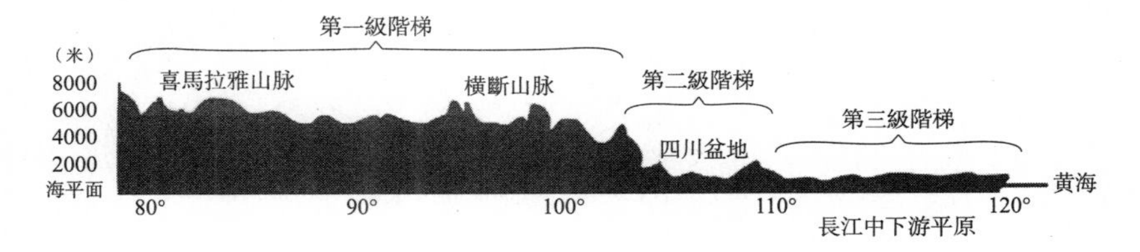

我國地形剖面示意圖（沿北緯32°）

鯢蟲紋彩陶瓶　馬家窑文化　甘肅省博物館藏

類蟲形象陶龍形器
江蘇吴縣草鞋山出土　南京博物院藏

類龍形鳥蟲紋瓶（俯視）　仰韶文化
寶鷄北首嶺出土　中國國家博物館藏

肢節紋彩陶壺　馬家窑文化馬廠類型

1975年青海省樂都縣柳灣出土　柳灣彩陶研究中心藏

鸛魚石斧彩陶缸　仰韶文化晚期
1978年河南臨汝縣閻村出土　河南省博物館藏

水波紋彩陶罐　馬家窑文化馬家窑類型
甘肅省東鄉族自治縣林家出土　甘肅省博物館藏

法國拉斯科岩洞壁畫
約公元前 1.3 萬年

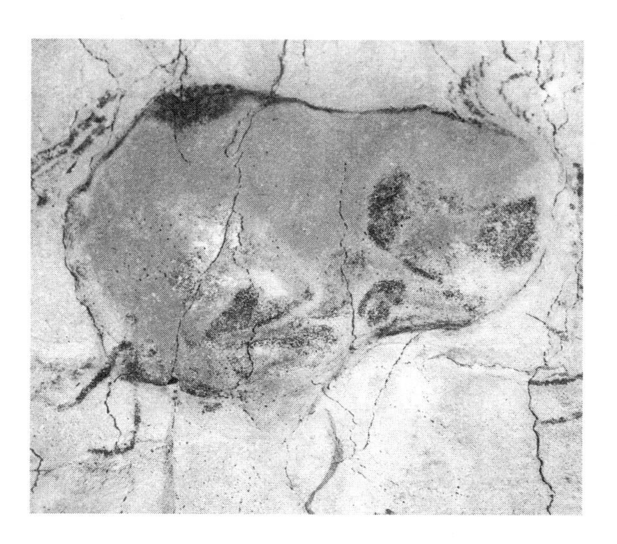

西班牙阿爾塔米拉岩洞壁畫
公元前 3 萬—前 1 萬年

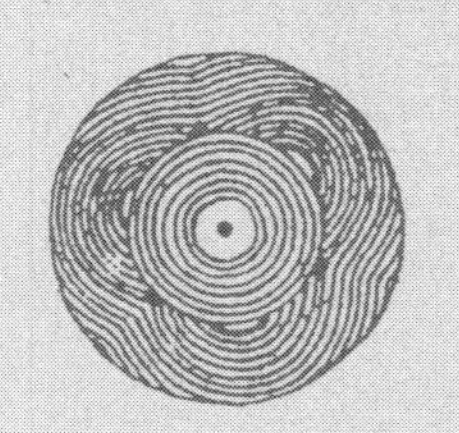

第三讲　素食民族

【一】從『纖纖擢素手』説開去

我們既知道了第一農業文明天設地造的『一方水土』，我們中華文明又有『一方水土養一方人』的文化認識，那麼，我們必須明白中華大地選擇了怎樣的一些先民，來造就『中國人』這一方不同於其他『門户』的地球人。

我們已經説了，要靠文獻來解讀文明，那麼，根據當代文明的認知，中華文明已有了五千年以上的有關文獻了。至少在秦漢之際，我們不但已有了可信的文字記録史書，而且，當代不少人在以現代社會學分類來争論當時是否屬於『封建社會』。從漢代歷史中我們已經瞭解到，漢代是一個極完整的當代人類社會楷模，民主選舉等制度與詞彙都已出現，這也是中華民族非常自豪的自我認同的時代。我們所謂的漢人、漢族、漢服、漢字，以及現代所謂的漢俗、漢典、漢學，都不難說明這些。那麼，我們就引入古代著名的《古詩十九首》（其中古詩都是漢代流傳下來的，至今仍流行普及）中與人關繫密切的詩句，來說開去吧。

《古詩十九首》中有不少與天文地理都發生必然聯繫且與人有關的名詩，我們選了非常重要的一首《迢迢牽牛星》：

> 迢迢牽牛星，皎皎河漢女。纖纖擢素手，札札弄機杼。終日不成章，泣涕零如雨。河漢清且淺，相去復幾許！盈盈一水間，脈脈不得語。

這首詩一開始就是『迢迢牽牛星，皎皎河漢女』，能夠把牽牛星、銀河、河漢女（織女）都表述得非常清楚，可見他們對天時已非常瞭解。但是在這裏呢，他接著又說：『纖纖擢素手，札札弄機杼。』『擢素手』是伸出手來做事，這已經很明確是男耕女織的社會分工了，她已經開始織布了。『河漢清且淺，相去復幾許』，我們看晚上的天頂，銀河好像很淺的水一樣，它們好像離我們很近啊。我們感覺到很近，但是却『盈盈一水間，脈脈不得語』。這裏還有永恒且萬事無奈的情感。這首詩已從天上的星星寫到了後世有名的神仙下凡與人類成婚生育的愛情，是反映中國古老的男耕女織的牛郎織女的神人愛情故事。

在這首詩裏面，我更注意到一個描寫仙女的詞，就是『纖纖擢素手』這句中的『素手』。『素手』是什麼手呢？一問，大人小孩都衹知道這個『素』是素描的素，全國人民幾乎沒有人不知道這是素描的素。我再一問：什麼是素描呢？大家都說：素描就是畫畫，而且用單一的顏色來描繪。那爲什麼一種顏色就叫『素』呢，那『纖纖擢素手』就是一種顏色的手嗎？那肯定不是。他又說：素描就是我們中國古代講的白描。我說：爲什麼叫白描，那是素絹嗎？那素絹是白的，描在白絹上我們就叫『白描』。那我就反問：到底是因爲素絹是白的，我們把素也解釋成了白，還是因爲素絹比『白』字還要早，我才把這個絹叫素絹呢？『素』不能用簡單的白色來解釋。我們講的『纖纖擢素手』，這個『纖纖』表示瘦弱纖小，也就是一雙很小的手。這個『素手』，肯定是人們認爲神仙河漢女（也就是後來『織女』）擁有的一雙巧手，是最美麗、最能勞動的手。如果是很白的小手伸出來，那肯定是很嚇人的，且不美麗。那麼我們想象，這個『素』字還有沒有更古老的意義呢？試想，『樸素』的『樸』爲什麼會跟『素』聯繫在一起形成一個詞呢？『樸』就是一個天地還未開的狀態，天未開的『樸』能够跟『素』組合在一起，因此，這個『素』它是一種非常純粹的基本感受。

我們古代還有很多的『素』啊！比如我國最早的醫書《黄帝内經》第一篇就叫『素問』，這個『素問』難道我們可以説是『白問』嗎，難道説是唯一的問嗎？不。我們還有《素女經》，難道就能叫長得白的美女的經典嗎？不對。我們再找一找。既然談到圖畫，我突然想到了《論語》中孔老夫子講的一句話。有一次，他的學生，肯定在讀古代的一些典籍，典籍裏面有兩句詞他們不懂，於是來問孔老夫子。他們的問題原來是這樣的：

子夏問曰：『巧笑倩兮，美目盼兮，素以爲絢兮。何謂也？』子曰：『繪事後素。』

『巧笑倩兮，美目盼兮』，這個他們懂：『巧笑倩兮』即指巧妙的笑容，可以使人能够有『倩』這種品味與格調；『美目盼兮』即説美麗的眼睛可以用左顧右盼的方式造成很好看的目光。他們讀到最後一句，不知道『素以爲絢兮』是什麽意思，於是便問老師：『何謂也？』這裏出現了一個『素』字。單獨出現的『素』是什麽呢，是白色嗎，還是白紙？那個時代没有發明造紙術，他爲什麽用『素』以爲『絢兮』呢？『絢』是色彩絢麗多彩的意思，那素怎麽能够達到絢麗的狀態、絢麗的樣子呢？『何謂也？』怎麽講的？那什麽東西是絢麗的呢？孔子回答曰：『繪事後素。』告訴學生們，畫畫這件事是可以絢麗的，但是他要在『素』之後。這就需要我們來講『素』到底是一個什麼樣的狀態和意思了。

我們就來仔細地看一看這個字。古人在造字的時候，他一定有一套的規律。我們看這個字（素）的上半部分，是横和竪組成的『龶』這樣的一個符號；下面是個我們説的糸字底。這樣的兩個部分組成的字能做什麼呢？孔夫子説『繪事後素』，説明繪畫這件事是與『素』這個字的含義相關的。那麼繪畫是怎樣的一件事呢？繪畫用筆，古代也用織或綉，但都要用各種顔色，那這個『素』字它是否與顔色有關呢？很多人把它解釋成白色，它到底是不是白色呢，或是别的呢？比如我們説的素絹，也有淺緑色的、淺土色的呢！它是不是純粹的意思呢？比如説：素描不是白色的描，我們用墨描也叫素描啊，對不對？那我們看這個字，尤其是下半部『糸』這個符號，我們都叫『絞絲底』，是重要的偏旁部首之一，就是單指絲。絲可做衣服、帳幔、旗幟，它們都有各種顔色，在古代經常用。既然這個字與絢爛色彩有關，而與色彩相關的重要意義就是它的主要意思。大家知道我們最早是靠衣服分辨人的高低等級的，衣服也是我們保暖身體的必需品，是與我們息息相關的物品。在我們中國，你不能説麥子長大了，你也不能説穀子長大了，你更不能説高粱長高了，你衹能説：哦，麥子黄了，高粱紅了！因此這個色彩的標準是有規律性的，有代表性的。

你看這個『糸』字，中國人染絲，最初絲是要染色彩的，用到的色彩有紅的、綠的、紫的，這些表示色彩的字裏都有個『糸』字。還有『紙』字，不也有個『糸』字旁嗎？還有『幽默』的『幽』字，也有絞絲旁在中間啊！我們查一查字典，很多含『糸』的字是與顏色有關的。因此，我想這個『素』字一定是和顏色有關的，不是的話，孔老夫子也不會說：『繪事後素。』

那這個『素』字到底怎麼講呢？我認爲它就是指古代染絲的色彩標準，也就是每種色彩純正飽和的標準。這樣，『素』字我們就好解釋了。比如說，『纖纖擢素手』，就是生著雙小巧的標準的手，那就很優美了。那《素女經》我們可以解釋成標準女孩子的經典，『素問』我們可以回答是《黃帝内經》中的標準問答，『樸素』就是又樸實又標準。我們經常用到這個標準，比如中國人說的『中庸』的『中』字就是標準。『中』，折中嘛，對不對！平常的標準就叫中庸。我們講『素面朝天』，難道是白面孔嗎？不是，而是指不化妝或戴面具，而用平常普通人標準的面孔對著老天爺。綜合來看，我們這個『素』字應該這樣來解答。

此外，我還想到了另外一個字。我們中國的先民在這塊土地上怎麼生存啊？我們都說中國人吃素，最終就是這個『素』字，它爲什麼不寫蔬菜的『蔬』？我們中國人認爲吃素就是吃蔬的，不吃或偶吃肉，對吧？那中國人的飲食標準就是以植物爲主要食物，因爲中國人生存在這一塊土地上，我們前面講了這塊天設地造的土地，我們祇能把植物的種子收集起來吃，才能填飽肚子，我們就把這些植物的種子叫素食。而且，在這個地方我們要穿衣服來抵禦寒冷。那麼這個『素』就造就了這樣的飲食方式、生活方式、耕種方式，知道天時好就有糧食可產，到了冬天我們又有衣服可穿。因此，這個『素』字包含了中國人的生存方式，最原始的生存方式。不光是吃的東西，素食也是我們吃的標準，『素』就是中國人生存的標準。我們吃什麼？我們吃采集的植物種子，因爲這些種子它保存得久，不會毀壞，我們古代遺留下來的蓮子種子有的達到幾千年之久，到現在依然還能生根發芽。我們在很多考古遺址中發現了大量原始陶器，有的陶器中就有很多被保存起來的粟、黄米、麥子，這説明它們能夠長久保存，能夠讓我們度過没有食物的冬天。絲能夠保暖，種子能夠填飽肚子，那麼這就是中國人最原始的生存方式。

我們吃什麼？一般來説，我們是吃最小的穀子，因爲我們的先民是從西北黄土高原慢慢地走進黄河流域的。錢穆先生是中國近現代的一位國學大師，曾執教香港中文大學，他早年在課上講到經濟史的時候提出了一個觀點，他説中國的穀物它是有階段性的。最初的時候，我們還没有形成普遍定居和耕種的形態，大量食用的是采集的『稷』，就是我們後來説的小米、黄米，通稱小米。我們也把高粱稱作『稷』，稷都是比較小顆的植物種子。野生植物的種子大多十分細小繁多，到當今野莧、野草、野菜都如此。那爲什麼我們會有『江山社稷』？恰恰我們的江山就是靠社會維繫的，『社』（ ）就是指古人在土地（ ）上聚會，祈望天垂象指示（ ）的活動。而用當時的食物——稷來供奉天地。他説高地產稷、低地產谷，古人是從西北高原漸遷入壟陝而形成『周塬』的。他在講學的時候，注意到了這一點。『江山社稷』這個詞，你不能改成『江山社穀』，因爲中國人最早是吃最小的種子，將其收集、儲存起來以度過冬季。這些也恰恰説明了漢字中凡是與儲藏有關的字大部分都帶有『宀』，因爲這些都是中國人的至寶，故後來的部首『宀』就叫『寶蓋頭』。你看我們中國人把『宀』寫得像個房頂一樣，在其底下寫個『谷』（穀的异體字）字，就是寬容的『容』字。

『容』字下面用『谷』不用『稷』，正是社會從高坡向中原進化之記録。我們不重視它有多重、有多大的體量，我們重視的是它有多大容量。我們看這個『花容月貌』中的『容』字，實際上就是我們最初的生存條件所決定的。我們當今對原始社會時期彩陶的考古研究，已經證明了中國有全世界數量最巨大、最豐富的容器。爲什麼？它們是用於保存我們的糧食。這更證明了我們中國是這樣的民族，他是采集、儲存、收藏，然後再慢慢轉向有意識的農耕——集中起來農耕，最後再慢慢地走向了種小麥、種水稻。瞭解這一點，我們就知道，中國素食，也就是標準生存的含義：

有吃有穿，這個『素』很重要。那麽，我們下一節再來研究『素』字的上半部分如何有標準的意思。『素』字的本意一定是染絲的色彩標準。每一個個體都會有自我評判的標準，而知道了色彩的社會準則才可從事以色彩構成的絢爛的繪事。那麽反過來，孔夫子的『繪事後素』，恰恰就是因爲我們的糧食，我們采摘時最要判斷的是糧食能不能成熟，長熟了以後大家能否收集，能不能收藏，會不會霉爛。因此，這個色彩的標準很重要。我們大家都知道，中國最先認識到色彩，這個『素』字更强調了我們對色彩標準的判定。我們爲什麽叫作農業，什麽叫農業，由采集經濟轉爲定居，然後發展成以種子植物爲主要生産方式的農業，叫第一農業。它有兩個基本特徵，第一是定居的，第二是遵照自然規律，春種秋收、夏耕冬藏。他們絶對不是亂來的，色彩是他們對種植和自然規律的認識，最後導致他們定居。

我們再來看這個『素』字，它本身就告訴了我們，我們吃素食也是第一農業文明的標準，我們的原始先民耕種的是種子植物，遵循的是自然生長的周期。他們的生存有幾個特徵，第一，他們原來可能也就在附近采集，這樣很容易定居，挖個坑就定居了，他們保存住食物，當然，他們有時也會吃點肉啊、魚啊，但是更重要的是他們不是完全那樣的，因爲他們不能徒手空拳去打野獸；第二，在那遠古的時代，他們主要是靠采集，采集就要對植物的生長規律進行判定，對籽實是否成熟做判定，對能不能收藏、明年還能不能吃做判定。因此，我們有了素食概念。

我們從『纖纖擢素手』，看到那個時代對自然環境的瞭解，對色彩的重視，對體量的重視，這都是中國人生存最主要的特徵。這種生存方式，第一點，它肯定是平和的，平衡地收穫，平和地觀察。他得慢慢地采集，不能一顆一顆地數，不是采一顆他就能吃飽了，他得一點點地收藏，一點點地儲存，這就是收、藏、熟、收的過程。收起來儲存、等待、分享，這是他們生存的基本原則，不是打仗，不是争搶，不是虐、殺、搶、奪，不是馬上鬥争、冒死亡危險、以搶獲得快樂，他們平静地思考，多方面地觀察，最後做出判定。爲什麽這麽早就會有這個『素』，而且還用在非常重要的位置上，恰恰這就是中國人生存的原則。我們懂得這一點，就知道第一農業文明的基本原則，它不是圈養畜生，圈養牛啊、羊啊。你看在『四面八方』的方位裏，我們有六方——東、西、南、北、上、下；我們中國有六穀，最大的就是大豆，最小的就是粟，從粟到大豆都原產中國，而且都培養得不錯。如果當代地球村能以『文治』保持平和的强勢，任何生命也天然會走向和平的永生。因此，中國標準地被稱爲第一農業文明大國，這絶對是不含糊的事，絶對合格的。從這個素食的標準，從後來的六穀、摘六熟，這些標準最後因爲有了多餘的糧食，他再來飼養一些家禽家畜。這些家禽家畜最主要的功用絶對不是用來吃的，當然，後來多了，他當然殺鷄宰羊，但是最開始不是爲了吃。那你看，我們小孩子讀的《三字經》里有『犬守夜，鷄司晨』，是鷄把我們叫起來的吧，『三更燈火五更鷄』。而且鷄對我們中國文化的影響有很多，很多很豐富的詞，比如鶴立鷄群、一人得道鷄犬升天、小肚鷄腸、聞鷄起舞、偷鷄不成蝕把米、偷鷄摸狗，等等，實在是太多了。所以把道理講清楚很重要，這個第三講就是想講清楚我們第一農業文明，我們是怎樣生產的，衹有瞭解了第一農業文明的本意，才能從不同的角度去延伸至中國各個領域，不管是文化，還是藝術，又或者是人類的一切文明，相信多與人的基本生存與生活狀態有關。比如説衣、食、住、行，人要穿衣服吧，我們發明了『絲』。絲從哪裏來，我們就馴養昆蟲，衹有兩種，一種是蜜蜂，一種是蠶，蜜蜂全世界都有，蠶却衹有中國才有。我們爲什麼養蠶，因爲它吐的絲可以做成衣服，可以幫助我們度過寒冷的冬季。

【二】盤古與女媧

從『素手』我們隱隱約約體察到了中華民族定居那『男耕女織』與『秋收冬藏』的基本要則，誰說古代不平等、不協作、不互動。這才是一種周期性的定居生活，他們可在定居條件下知『我』而知『你』和『他』，於是這塊地球村中『天設地造』的唯一區域漸去蒙昧，開天闢地了。

誰在古代開天闢地呢，自古以來，幾乎每一個中國老百姓都知道（婦孺皆知）『盤古開天闢地』這句話。那麼，盤古又是誰呢？在當今世界的綜合科學認識中，不少中國學人也作了一些各種學科門類的考證與實驗，想向當代地球人更進一步闡釋出中華文明中這個開天闢地的盤古的生物學、民俗學、物理學、化學特徵，以及其他心靈學、美學特徵等雜七雜八的諸般『科學特徵』。

最後，我們綜合各方面文獻和文化研究的結論，覺得盤古（盤、瓠）原來就是指中華大地上最古老、最重要、最普及的草本藤蔓作物之一——葫蘆。國内大多數有關方面的研究者亦趨近于同意這一結論。盤古——盤、瓠——葫蘆。呦，真是思路發人。没有一個中國人不認識、不知道葫蘆，歷代中國古籍文獻中，都不乏從最高雅到最通俗的有關葫蘆的記載。『依樣畫葫蘆』似可當成中國人行爲的正反基本準則，而『抱著葫蘆不開瓢』又可以當成中國人思維的基本路數指南。認知與行爲，這恰恰是歷史中恒常的文化蹤迹，加上對漢字音、形、義的詳考，感到葫蘆自古確實與盤古有最緊密的聯繫。

在中華亘古大地上，如果從采集籽實的生存途徑看，葫蘆是最巨大、最豐富、最普及的瓜果與籽實，而且，葫蘆果實老化經冬又成了極堅固不破的天然貯存器物。這兩個方面正是我們上古延續生存的兩大主題。而葫蘆藤蔓廣爲伸展遠播又可多年再生的特徵更是增進了人們多次認知與多重使用的功能。在長期的原始采集生存方式的影響下，葫蘆的外形産生了豐富的變化，曲面變化形成的大小坡度，使葫蘆成了表面坡度、果實形狀、果實體量都非常巨大且變化豐富的中國瓜果，在長期的食用與乾果盛物使用和選擇中甚至産生了束腰的形狀變化，成了最具有凹凸反向變化的中國特有的葫蘆。當有一天，古人用自己的方法按選擇意圖將乾果剖開來，這就像是將混沌的天地世界劈成了按人們心靈期望使用的容器，葫蘆成了瓢、壺、盆、碗、瓶……這才是按人心造就的『天成心靈』，這不正是『盤古開天闢地』的解説？我在《中國美術史·原始卷》『彩陶』一章中已研究指出：在地球村中參差不齊的石器到金屬器這段以制陶爲特徵的古文明階段中，中國擁有最繁榮燦爛的陶器文明，擁有世界上最多、最豐富的器型、形制、種類，其用途、體量都舉世無雙、首屈一指。同時我也指出了一切器型的產生，都是沿著中國古代葫蘆不同方向、不同部位剖開而成的。也許，這就是盤古開天闢地的中國人文思索吧。

當然，葫蘆開了瓢，人世就多了是非。直到戰國的諸子中，還有論不開瓢的大葫蘆不宜做容器，但可以做浮物，用於軍事的著名文章，也反映了古代長期開瓢的思考，用以制作陶器。當然這不是『天工開物』，而是『思開天物』，那一剖（劃）就劈開了天人的陰陽混沌，那琢出的一點就『點撥』出了人世的是非滄桑。就像是《聖經》中上帝取亞當的一根肋骨造出夏娃，亞當、夏娃偷吃了禁果成爲人類祖先，中華民族也在盤古的一剖一劃中攪動了黃土大地，開闢了新人文時代的子孫。許多人造的東西產生了，人們可更多地采集收藏食物度過嚴冬、延續生命，不再完全靠天了。

盤古開天闢地後有了『人』。那是誰帶領著他們呢，夏娃？非也。此人叫女媧。在中華民族的歷史傳説中，有一則比『偷吃禁果』更古老、更長久的著名傳説：女媧補天。我認爲，這正是一個關於中國上古制陶發展高峰中先民燒制彩陶的景象記憶。所有的典籍記載的『女媧補天』，都是圍繞著『女媧煉五色石以補天』這一個中心。我們來解讀一下：黃土高原并無各類石頭，而在土穴中居住的『女媧』們將水和土和軟，放在火堆中燒，『煉』成各種色彩的像石頭一樣硬的東西，以彌補天然的不足。實際上，中國原始制陶的成就主要反映在彩陶的色彩、紋飾與素陶的形制上，陶器那紅、黃、黑、白、青的强烈色彩基調中，正包含著玄黃的青天大地，也蘊藏著中華民族那鮮紅的血液、土黃的皮膚與烏黑眼睛頭髮的遠古精靈，這正是女媧煉就的補天石之五色。而那多種剖制旋轉的舉世堪絶的器型，以及它們體、型、質、飾的變化節奏和韵律，也留下了盤古開天闢地的記憶與足迹。

後來，隨著文化的發展變遷，盤古、女媧演變成了中華民族的始祖正神。由於他們祖居土穴，故而他們的下半身均演化成了土中的蛇形（龍之祖形），他們的雙手分别執以最初的文明儀器規和矩，似乎開闢量度了天和地，也促成了『天圓地方』的基礎天文。這一切文明到了秦漢之際已普及到了百姓民心。這就是用黃土造人的中華素食民族與土地的血肉因緣，與西方上帝造人有根本區别。

【三】物候龍鳳

中華大地上的原始穴居人群，在有了蓄存并增加了采集能力之後，人口的繁衍是必然的，這就影響了人類集聚的生存，也產生了人口的遷徙。

不能離開水土的遷徙促進了沿河的東西交往，而限制了南北的流播。就是説，東西方向上的河流運行，會造就南北的變化與不同地形氣候水土的不同，會影響到聚集居住條件，於是，便萌生了環境的選擇。由觀水土擇地而重視環境氣候周期變化的『風水』與『測天』的人類活動，也成了生存繁育的重要條件了。那麼，先民們如何選擇居址呢？

我認爲，這種選擇造就了我國原始農業生產中廣爲使用的『物候曆法』。根據黄河流域與長江流域的仰韶、大地灣、北辛、裴李崗以及河姆渡等文化遺址的考古發掘，大約在八千年前到六千年前，我國已進入定居的、生產水平較高的原始農業社會了。這些地區的自然特點是四季分明，農業生產必須嚴格遵守自然變化的周期，春種、秋收、冬藏是這類氣候條件下原始農業不可違背的規律。因此，瞭解自然的周期變化是進行農事活動的前提，也是人類得以生存繁衍的關鍵。這就是『定曆』。甲骨文中的『曆』字已基本定型，均寫作[甲骨文字形]或者[甲骨文字形]。這是個會意字，明顯可見『曆』是與禾苗、草木生長履迹等農事有關的重要概念。中國人重視曆法與重視天一樣，曆法被看成是『天道』，中國一些有關『天』的哲學與崇拜，究其本源乃是與定曆有關的自然崇拜。在世界範圍內，天文學也是人類最早認識的學科之一，這便是以農業生產爲基礎的古文明需要定曆的結果。

我國在漢代之前曾有黃帝曆、顓頊曆、夏曆、殷曆、周曆與魯曆六類曆法。《尚書・堯典》稱『曆象日月星辰，敬授人時』，可見我國天文曆法的運用是非常早的。一般學者認爲，至遲在商代已有專門的天文官，負責觀測星象、確定四時。《左傳・襄公九年》載：『陶唐氏之火正閼伯居商丘，祀大火，而火紀時焉。』可見在上古『陶唐氏』時代，已有『火正』之官，專門觀察『大火』星的出没，以授民時。那麽，在天文曆法産生之前，原始人類又是如何定曆的呢？

在『仰觀天象』定曆出現之前，先民是以更爲容易的『俯察地物、近睹鳥獸之迹』的方式定曆的。他們將地物的周期性變化或鳥獸之迹的周期性變化作爲自然周期的參照，根據物態的變化作爲定曆的標準，這就是比天文曆法出現得更早的『物候曆法』，這些在後面會詳談。一般來説，原始社會中物候曆法所選擇的參照物件多數是那些體態或行蹤會隨自然周期變化而有明顯恒定變化的動植物。例如：候鳥的回歸或遷飛，魚類的回游，鳥獸的换毛、長角，爬蟲的冬眠、出蟄，以及花開葉落，等等。這些明顯的變化特徵很容易被普遍發現，因而它們更容易被當成具有某些社會共同觀念的形象，成爲文字及天文曆法産生之前普遍承認的定曆標志。

彩陶紋樣的選擇與物候曆法的使用關繫密切。我們統計一下我國出土的數十萬件原始器物中的動物紋樣，不難發現，它們的題材衹有鳥、鹿、犬、猪、蛙、魚、蟲、人等有限的幾類。雖然它們的分布相互交錯，但從總體數量統計上看却有著明顯的分布趨勢：河澤繁密之處多魚紋、鳥紋、蛙紋、鹿紋，而乾旱少河的區域則多有蟲紋、人紋。從它們被描繪的形態——鹿孽新角、鳥翔剛羽、魚集而游、蟲曲而行、人呼而舞——來看，這正是與自然變化相關的體態特徵。正是因爲如此，它們才受到重視，受到反復的觀察，它們的形象才會被認爲具有某種觀念含義而記録下來。也正是因爲這種體態的觀念含義，它們才不至於像徽幟那樣恒穩、狹窄。以原始彩陶中的魚紋爲例，它分布在東西長一千多里、南北寬五百多里的範圍内，以各種變化紋樣遷延了一千多年，這正是由它們的物候特點所决定的。所以説，這些原始動物形象，更多的可能是作爲原始定曆的參照物而受到重視的，它們是原始農業生產中活的『月份牌』。

如果說對這些動物也存在著某些崇拜的話，那也是因爲它們的物候作用，而將它們與自然崇拜聯繫起來。這種重視，或隱或顯地保存在後來的民族文化之中。至少在漢代就有了『魚雁傳書』的說法，傳『書』者，傳『信』也，此時的『信』乃是自然信息的信，諸如信風、潮信，這類詞彙也沿用至今。漢儒們雖將『天命玄鳥，降而生商』附會了許多呑卵產子之類的臆測，但就這記載的本意來看，仍是物候曆法的可信記錄。『玄鳥』，黑鳥也，燕也，天鳥也，不管何說，實即指候鳥。它們會突然出現、突然消失，時間那麼精確，與天的周期變化那麼適應，仿佛天意一般，故有『天命』之說。『生』字在甲骨文中作，《說文》曰：『進也，象草木生出土上，凡生之屬皆從生。』殷墟卜辭中有『生』字的詞條極多，其含義多數指生存、生活、活動等，并不是生孩子的意思（人畜生子古皆曰『產』）。因此，我以爲『天命玄鳥，降而生商』這段文字自漢代已斷句錯誤，實際當是卜辭的句式，即：『天命：玄鳥降，而生商。』這段卜辭的意思應當是說天帝命令：那些黑色的鳥兒由天降臨之際，商族民衆就要開始生息活動了。這不正是物候曆法的原始記載嗎？在古商地，燕子一到，農耕活動也正應該開始了。商祀鳥、崇鳥，皆由此始；甲骨文和金文中『玄鳥婦』與《山海經》中『王亥鳥祖』之說，亦當與此有關。古籍中這類記載甚多，歷代衆説紛紜，其基本含義可能更多的與物候曆法的實施使用相關。古代顓頊曆中也有以『燕逢攝提格』爲歲首的記載。至今仍有『八九燕子來』的民諺，也有『驚蟄』的節氣。慢慢地，隨著對地物中鳥獸蟲魚這些物候參照物的選擇，人們也發現了依日影與天象定曆的方法。靠物候物的行爲和變化來定曆，我們可舉更多動物作爲物候物來分析。

從物候曆法的觀點來看，『角』是相當重要的物候標志。成書於秦漢而實記三代曆法的《夏小正正義》曰：『自黃帝始有干支，甲寅爲首；顓頊作曆象，仍始於焉逢攝提格之歲。』并指出這種定曆方式『相傳至夏，未嘗變革』。這裏的『焉』即『燕』，『焉者，燕也，知太歲之所在』。『攝提格』即『大角』之星，它之出現恰是地上雄鹿長角的徵兆，在《尚書》中還有關於歲首『攝提格孽』（雄鹿孽生出新角）的記述。後來，『大角』變成了天上定曆之主星，是東方七宿之首，這仍是物候曆法中以獸角爲定曆標志的遺迹。從原始彩陶開始，强調獸紋中角的描繪，并以角做裝飾等現象亦證明了角受到特殊重視。自彩陶至青銅紋飾中，相當一部分獸角作菌狀而不分叉，也有人稱『棒槌狀角』，甲骨文中的龍角似乎基本保持了這種特徵，它們不像甲骨文中牛（[illegible]）、羊（[illegible]）、鹿（[illegible]）等動物具有象形描繪的角。從形象上看，這類角似乎是鹿類動物『攝提格孽』時的初生之角。商代玉人仍作這種菌狀髮髻，周民歌中也將幼童所挽髮髻稱『總角』，《詩經·氓》中即有『總角之宴，言笑晏晏』的詩句。大概是人們刻意模仿這種受到重視之角形，以求吉兆，如同後來所言『產麟兒』那樣。這類角後來爲麒麟類龍族瑞獸所特有。甲骨文中『龍』字上的角，是否由這種角象形描繪而來呢？在一些文字中不排除這種可能，但許多字似乎也不完全如此。恐怕還要從這類角形所表示的觀念上去探求。我們不難發現，在甲骨文中，最統一、最多樣的寫法是『龍』字的角。

細審甲骨文『龍』字中這些『角』的寫法，它們基本上是立柱狀，并且加刻一至數道短畫。其形狀與『且』有關。長期以來，以『且』爲男根崇拜，因而有人推測『龍』是父權象徵，是陽剛之表率。這類說法與中國原始文化并不相符。甲骨文中『且』字甚多，單字即見五十多種。在這些文字中，相當一部分可見其確像菌狀角形。同時，『且』還常與辛、亥、卯等時序用字連用。而這類所謂『合字』出現的頻率極高，範圍寬泛，它們不可能是祖先名號。記時辰的序號與『且』合用，其含義是什麼呢？在古曆中，記時辰的序號字，絕大部分是取象於物候性動植物，如『辛』源於花蒂，後成古『帝』之假音；『壬』源於蟲類；『辰』源於蟲類或貝類；郭沫若先生亦指出『甲乙丙丁』諸字均爲魚身之物。它們作爲序數詞的出現與使用，當然是由它們本身表時的特點決定的。那麼『且』又是什麼呢？它也是一個與時間有關的字，它本身表示一種時間的概念。實際上，它是一個最早測定時間的工具——表。表是最早測日影定時辰的測時器，這含義至今未變。

它最初是以一直杆立於户外，靠杆的投影長短及運動變化來確定時辰，有時爲了區别於其他物體，常在立杆上繫上物品或將杆做成特殊形狀，以示標記。中華的『中』字，古寫作[古文字形]，即是一個在杆上繫了帶狀物的表，立在影子一天變化的軌迹當中，表示日當正午時其投影的情形的象形文字。古民遷徙，注意自然變化，故依表立地觀影以擇地，其結果稱『表象』。今日對考古遺址的發掘可驗證，同一氏族遷徙，其『表象』往往相同。更簡單而實用的定時方法是人立日中以觀其影，起了代替表的作用，則曰『代表』，這些詞都沿用至今。較爲完善的表乃是由物候曆法向天文曆法過渡時的產物，是由動物等自然物轉向由人造定性狀物爲測天參照物的儀表。從歷史發展上看，它正出現于夏商之際。它是在特制的杆上加以刻度，以便標記測定結果。於是，『表』的形狀也固定下來，成了一個直立於地面的、有刻度標記的、特殊形狀的標狀物。『且』字就是測時工具的表，它表達了與時間有關的這一觀念。[古文字形]、[古文字形]、[古文字形]等爲各種特殊形狀的杆，而[古文字形]、[古文字形]、[古文字形]、[古文字形]等則爲不同形狀、不同數量的杆上刻度。而[古文字形]形狀的刻度甚至表明了人們仰視杆上刻度標志而得到的視覺印象。後來，『景仰』、『高山仰止』這類詞語的出現即是這一視覺方式受到特殊重視的明證。

　　同樣，我們也發現甲骨文中有許多與物候『表』合成的鳥類、魚類、蟲類文字，這都是物候曆法留下的文迹。當然，『龍』和『鳳』字正是先民最重要的文化共識。

龍、鳳的字正是這類表的圖像化產物，它以基本符號刻畫出表的形狀，表達的是龍這類動物與時刻發生的必不可少的聯繫，換句話説，即有表的動物是被用作物候動物來與天時發生關繫的。《酉陽雜俎》中有記載曰：『龍頭上有一物如博山形，名尺木。龍無尺木不能升天。』《酉陽雜俎》雖爲唐代段成式所撰，但其言多録古籍异聞，體裁類似張華《博物志》。在這條記載中，唐代的龍，其角已非博山形。唐代博山已不盛行，未常見用博山爲喻，而漢代博山流行，估計該記録與名稱，乃古籍所録。『尺木』本身就是指有刻度的，用以量度的像尺子一樣的工具。古人重視這種東西，將它『移』到本是一條土中蟲的龍的頭上，指明這些物件與天時有必然聯繫，因而產生了所謂『無尺木不能升天』的説法，這是中國人將物件神靈化的處理方法之一。這種在龍頭上放『尺木』的做法，正與漢代石刻中在伏羲、女媧兩大主神手中分别放規、矩一樣，是一種遠古觀念與時代相對應的遷延。在數術算天時，伏羲、女媧這對『人之祖』以規、矩掌日月，而在以物觀天的上古，物候動物頭頂『尺木』以測天，又有什麼奇怪呢？文化的遷延在於觀念的遷延，觀念的遷延在於現實的適應。從『物態』到『尺木』，從『尺木』到『規矩』，正是『睹鳥獸之迹』到『察地物』、『觀天象』這種重時令、重天氣的觀念在不同社會條件下、不同認識階段中的各種反映。（像西方所謂『斧』，錯！乃有刻度的菌頭表）後來演變成了『王』字，而『王』中之王又稱『天子』，不也正是與以表測天的觀念有關嗎？非但如此，頭上有『尺木』的動物尚有鳳這類物候鳥，我們豈能說鳳頭上有『角』或『男根』呢？這樣一來，我們對龍頭上的『角』是怎樣一種觀念的圖像便有所理解了，對『角』之所以成爲天上『東方七宿』之一也不會不明白其道理了。名實之間的基本關繫是文化心理最主要的反映，『角』怎麼能隨心所欲地解釋成男根或權杖這些西方古文化中之『物的表率』呢？

後來的漢字，將『尺木』轉化成了一豎三橫畫（圭）的『畫』法，如今，我們把這個尺木插在地上，便立即明白這是中國古代最早的測天儀器『圭』，看到了嗎，這很可能就是一個圭，我們古代也稱它爲一個『表』，『立表於亭』嘛！我們中國人現在的『表』很漂亮，我們管叫華表。你看有種『蟲』知道天氣，『圭』字旁邊加個蟲字旁，不就是青蛙的『蛙』字嗎？驚蟄的時候蛙會叫，因此它是中國最早的『測天儀器』之一，這個測天儀器讓我們知道了規律，知道了規律的表現和表象，因此，我們就把它當作一個『表』了。老師站在人面前，我們不就叫他『爲人師表』嗎？一個人代替很多人站在那裏，我們現在不是也說『某某代表』嗎？他代替一個表，給我們大家確定一個規律，因此，這個符號，我們可以簡單地當作一個比較純粹的規律來講。

說到這裏，我們終於明白了『素』字的上半部，正是一個由尺木簡化的表狀符號，完全是標準社會認同的含義。而表現、表率、表揚、表白等諸多漢語詞彙，已説明了表本身的重要。我們不但知道了『繪事後素』的含義，也知道了『素食民族』的標準，還用『𡙁』組成了許多與物候符號有關的漢字。

後來，這些字有許多并未保留下來，也有一些保留至今（如『鼉』）。但在後來的『靈龜』、『靈獸』以及『魚雁傳書』、『魚龍變化』等文化觀念中，很難説没有反映出它們的構成中所表示的那些深層含義來。從這點上來看，我們也找到了我國從原始社會開始就崇敬的那些現在看來并不可愛的龜、蛙、蛇、蟲等動物的原因。

正因爲在廣大的範圍中，人們選擇不同的物候參照動物，因此，江漢流域的鼉類、鱷類，黄河中上游的蟲類、蛙類、魚類，黄河中下游的鳥類、畜類等，都有可能成爲較爲固定的物候曆法之參照動物。這種選擇雖有一定的標準，但衹要它們能與氣候周期變化有明顯的直接聯繫，它們在種類和形象上都有相當寬泛的通融，而不像原始圖騰那樣恒定，就可以。我國原始社會中造型藝術的研究結果表明正是這樣。後來這些關繫演化使觀念集中在某種特定的形象身上，便形成了龍、鳳。漢代王充《論衡》中已有『龍爲鱷變相』之説，《抱樸子》亦有『蛇蠋化龍』之論。這些寬泛使得龍鳳能吸取各類物候曆法時代就被重視的特徵，如角、尾，等等，角、尾自然化成了賴以定曆的天上星宿之名，龍、鳳也成了自然的天神。龍、鳳以它們那鹿角、蟲軀、魚尾、獸頭、鱷棘、人鬚、鬼眼、鳥爪、鷄冠、蟲身、鶴頸、鵲爪、鳳羽等『人心營構之象』，步入了民族文化的殿堂。『龍飛鳳舞』代表了一切吉祥，也許衹有那最初與『農』有關的『隆』起的蟄蟲土堆，與那風中鳥羽關聯的表示風土的鳳羽，使我們尋找到它所表述的『農時』這一與生存相關的至關重要的觀念；也許衹有那作爲思想活化石的漢字，才在『隆』、『農』、『龍』、『風』、『豐』、『鳳』這種看似偶然却并非巧合的音、形、義中，才能悟出『龍神』即『農神』、『鳳鳥』即『豐了』的道理；也許衹有那覆蓋了鳥獸蟲魚形象而又不斷變化的龍鳳形，才向我們闡述了它們并不是圖騰動物隨機變化將其特徵拼合的實體，而是按照一種文化觀念表達特定關繫的人心營構之象。

中國原始陶器的主要種類及部分類型

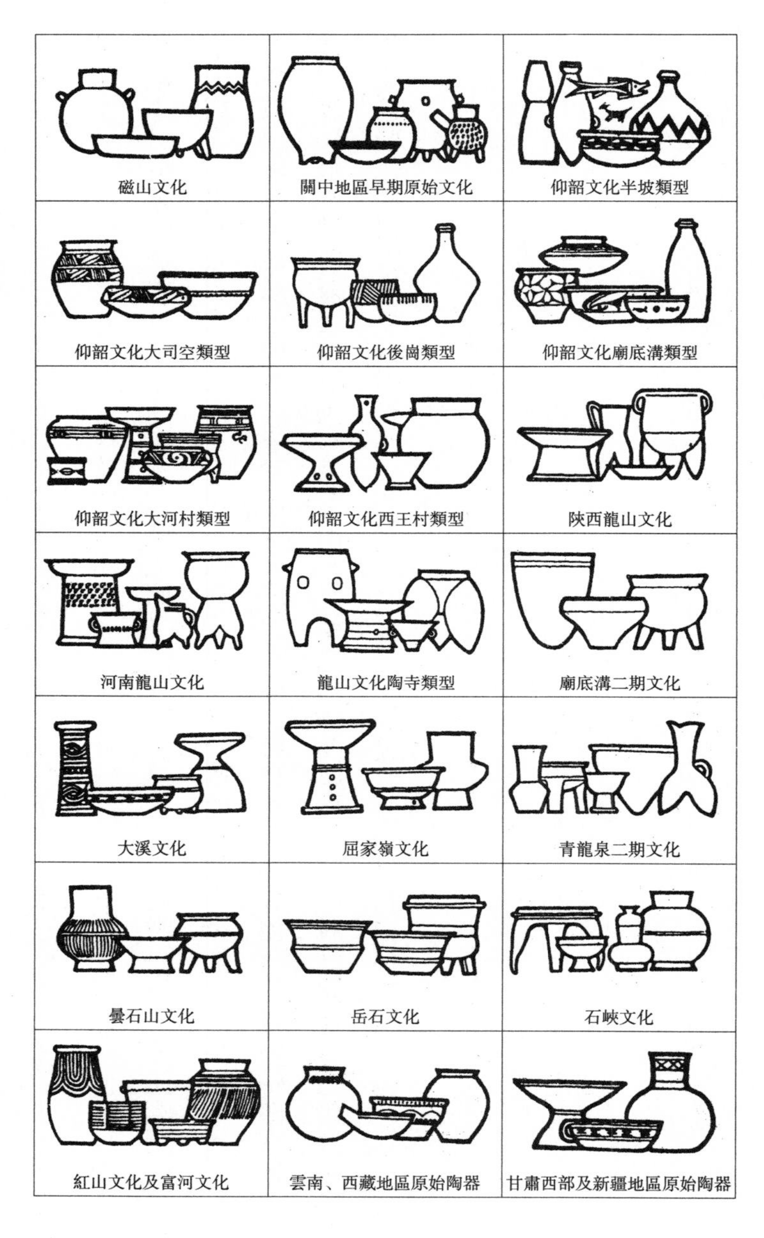

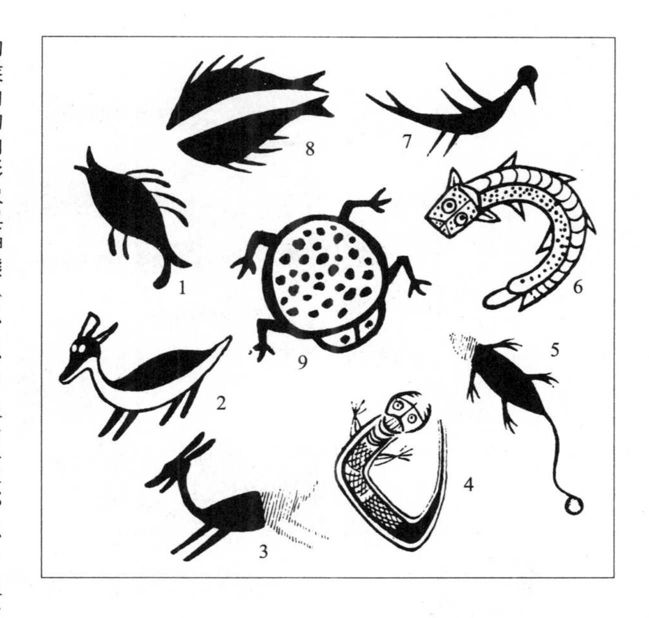

物候動物的形象與神態（1、8、9. 陝西姜寨；2、3. 陝西半坡；4. 甘肅武山；5. 甘肅東鄉；6. 陝西北首嶺；7. 陝西華縣）

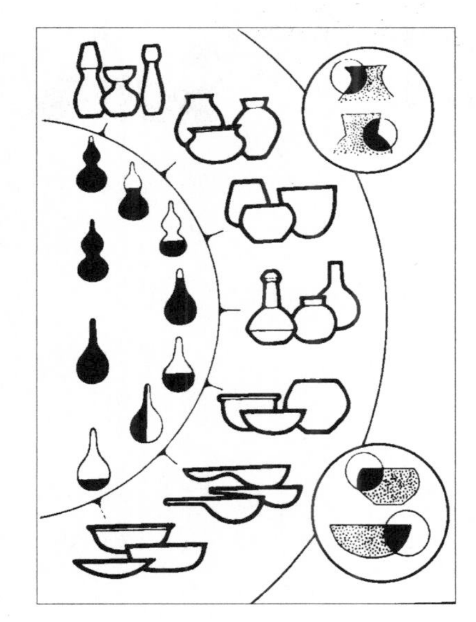

剖葫蘆對容器造型的影響示意圖（盤古開天地的聯想）

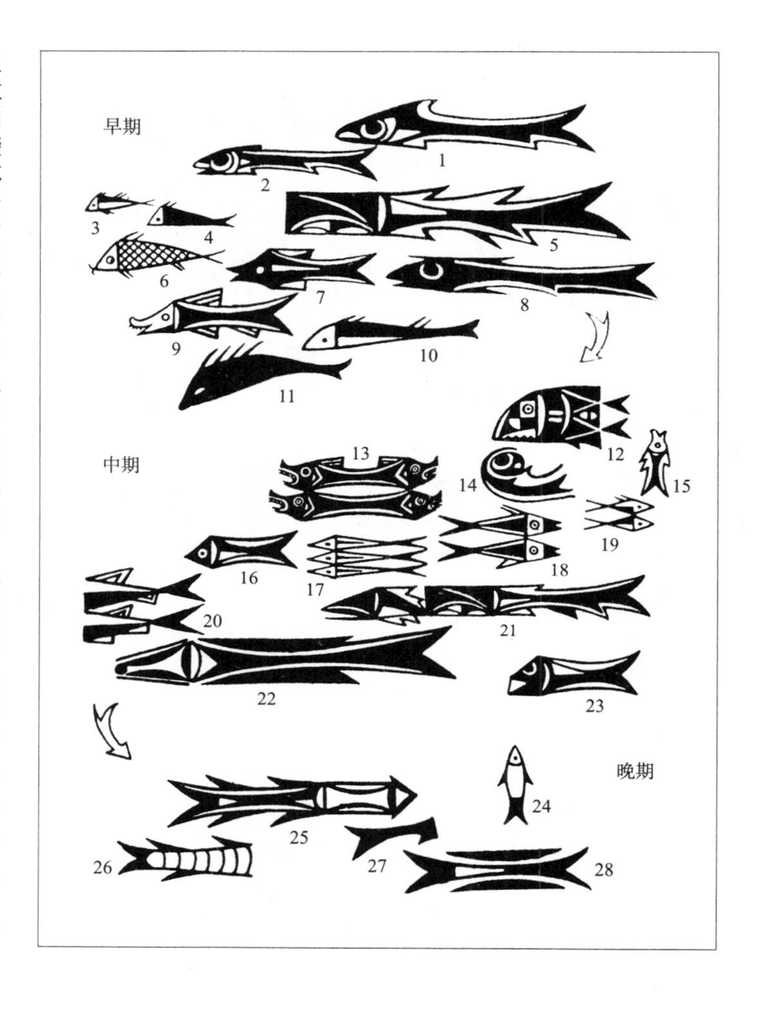

魚紋的變化（1、11、14、15. 陝西姜寨；2、8. 陝西北首嶺；3、4、6、7、9、10、13、16、17、18、19、20、23、27. 陝西半坡；5、21、22、25、26. 甘肅大地灣；12. 山西東莊村；24. 河南閻村；28. 陝西游風）

岩畫和銅鼓圖像中幹欄建築上的鳥飾

1. 雲南滄源岩畫第四點第一組

2. 雲南慕烈銅鼓面部紋飾

3. 雲南玉間銅鼓面部紋飾

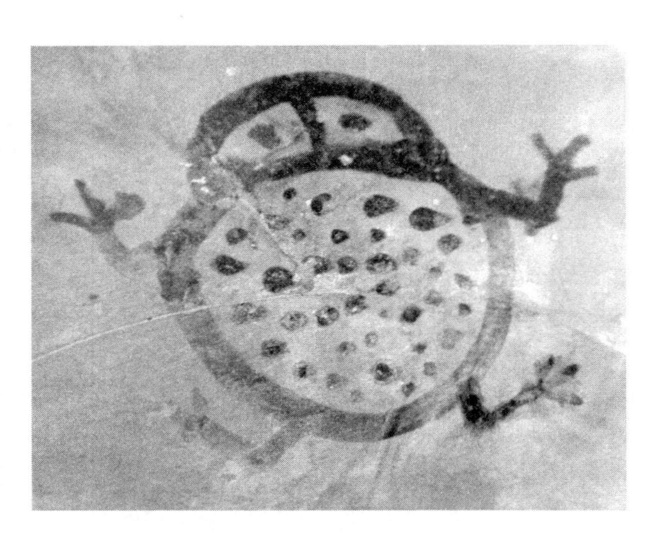

魚蛙紋彩陶盆上的蛙紋　仰韶文化半坡類型
陝西臨潼姜寨出土　西安半坡博物館藏

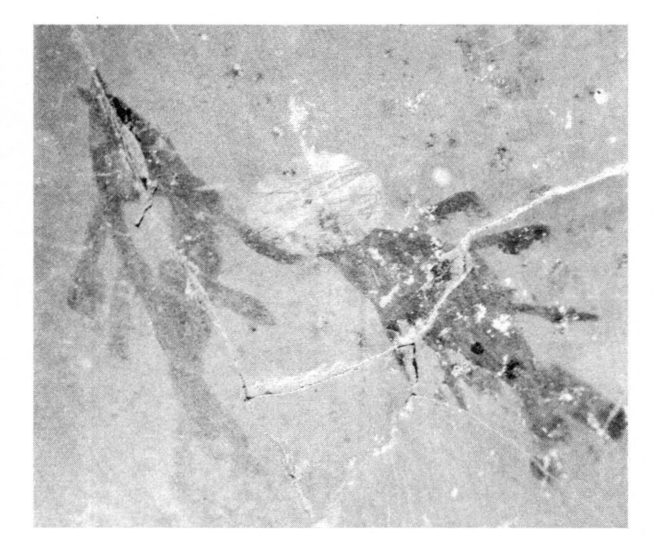

五魚紋彩陶盆局部　仰韶文化半坡類型
1979年陝西臨潼姜寨出土　西安半坡博物館藏

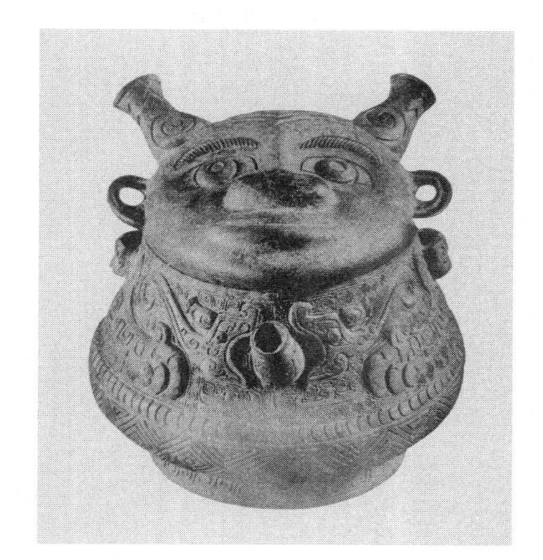
人面龍紋銅盉　商　河南安陽出土

龍形銅觥　商　山西石樓出土

『日己』銘文龍形銅觥
西周　陝西扶風出土

蟠龍紋蓋罍
西周　遼寧省博物館藏

伯尊外底龍紋拓片
西周　上海博物館藏

魚龍紋盤盤心龍紋拓片
西周　上海博物館藏

人物龍鳳帛畫　戰國
縱 31.2 厘米，横 23.2 厘米
湖南長沙陳家大山出土　湖南省博物館藏

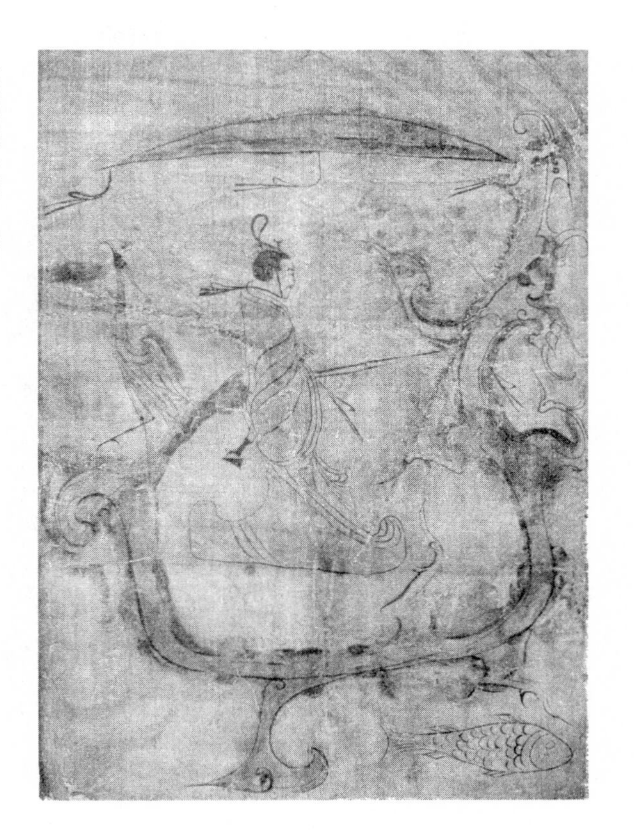

人物御龍帛畫　戰國
縱 37.5 厘米，橫 28 厘米
湖南省博物館藏

伏羲女媧畫像石

漢　山東臨沂出土

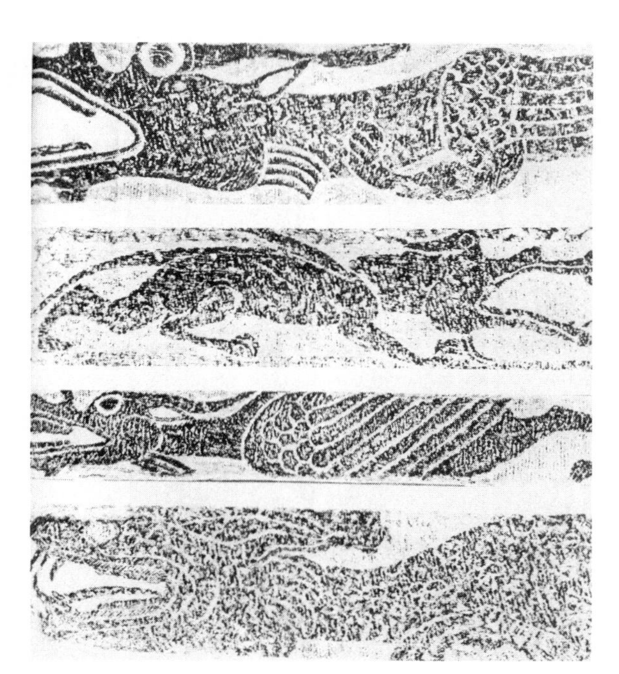

畫像石（龍首、行龍、龍首、龍首）

漢　河南南陽出土

翼龍雲氣圖畫像石

漢　河南南陽出土

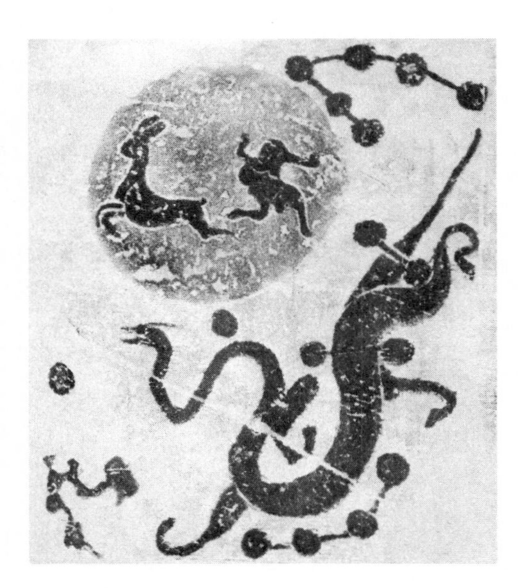

蒼龍星座畫像石
漢　河南南陽出土

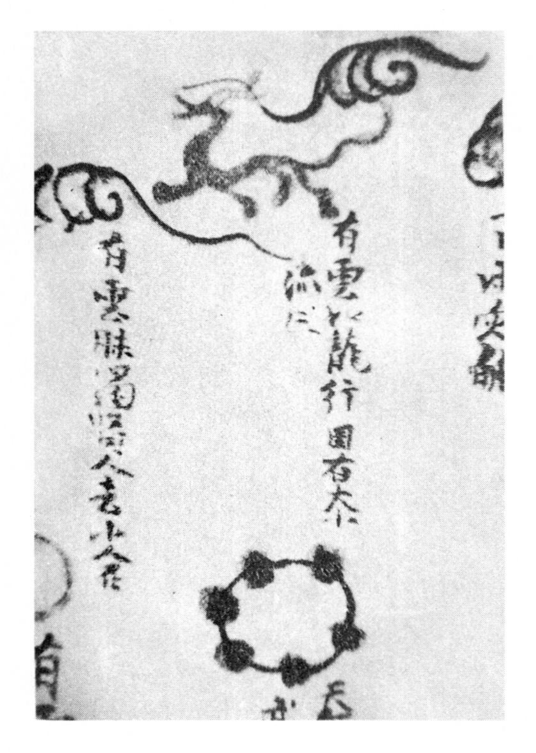

天文氣象雜占圖（局部）
漢　湖南長沙馬王堆出土

（傳）顧愷之《洛神賦圖卷》中的「龍年」、「雙螭」
東晋　絹本設色　縱 27.1 厘米，橫 572.8 厘米
北京故宮博物院藏

水運儀象臺

古代圭表

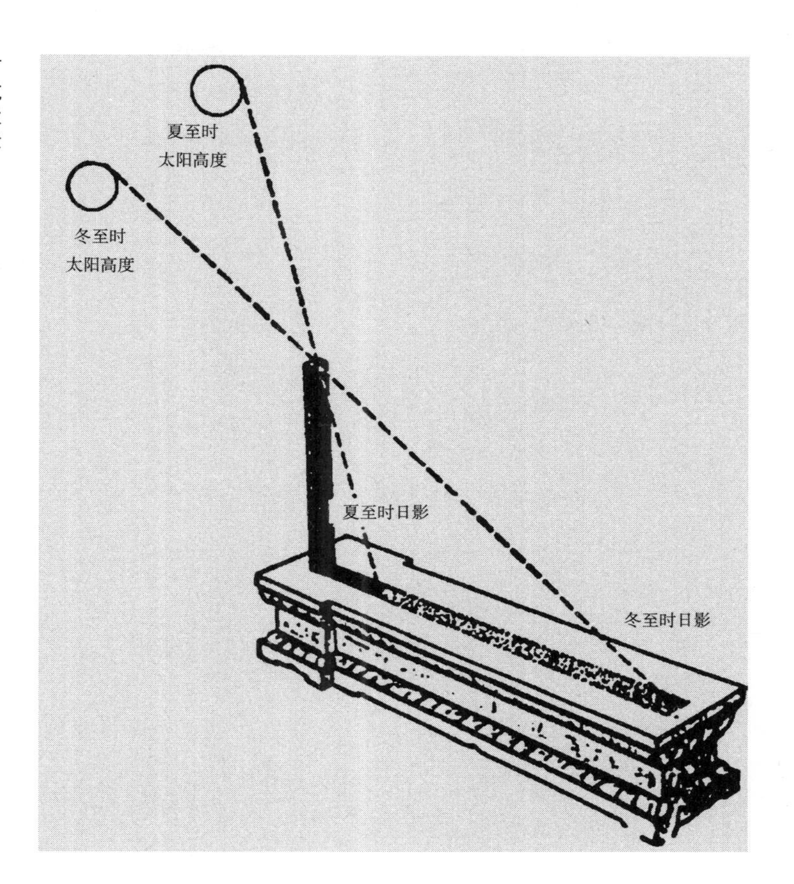

第四讲　吾理吾心

【一】百感交集

素食與肉食是史前人類采集生存與狩獵生存的生存偏重，聚居與遷徙是他們漸次形成的生活方式，他們在生活方式上有較大的區別，也會引起某些生理心理的根本不同。

一般來説，原始崇拜與自然環境及原始經濟方式有較大的直接聯繫。原始漁獵和采集會使人們形成不同類型的氣質偏好和心理習性，并隨之產生不同的崇拜物件與崇拜方式。狩獵的爭鬥是原始漁獵生存的主要活動方式。對於這些從事狩獵的原始民族來講，流血的殺戮、獵獲的實用、食物的易腐造成的不能儲存、生命的突然死亡和實在的及時享受，造成了他們對武器的依賴和對生命的崇拜。而且這些依賴與崇拜的表達方式，往往更多體現在對實物或者偶像的直接感受中。他們的聯想多與現實生命的存在、產生與活動有關。他們對自然的變化比較冷漠，對自身的情緒比較難於把握，往往處於静和動、生和死的極端狀態，這樣，其原始信仰就易於以生殖崇拜、圖騰崇拜、偶像崇拜等實體崇拜的方式表達出來；其巫術與宗教儀式也多是（如成丁禮、出獵禮等）與生命獲得有關的活動，并多以裝扮成實體形象的類比活動來表達。

而以采集爲主的原始民族則不然。他們與自然的關繫密切而融洽，他們没有極大收穫的喜悦，也很少有突然死亡的危險；缺少與其他動物的激烈搏鬥，也很少能隨心所欲地攫取。因此他們須以平和的心境來度過植物漫長的生長周期，不熱衷於暫時的享樂。他們也很少長期挨餓，因爲他們懂得貯存。他們從對自然的依賴中產生了對自然規律的認識和聯想，因而更多地崇拜自然及賴以貯藏的方式。而且，這種依賴往往反映成觀念，將崇拜表現爲精神聯想并與情感聯繫起來。這樣，使得他們頗具一種寬容的忍耐性格及心理狀態。他們對自然的變化較爲敏感，自身的情緒也較爲緩和，常常處於較少變化的微小波動狀態中。他們的原始信仰更偏重于以自然崇拜、氣象崇拜、環境崇拜來表達，并易於將崇拜的方式與自然變化規律統一成一種思維模式，形成了衆多與節氣、時令、氣候、水土有關的習俗活動、迷信觀念、自然精靈等，并通過有關祭祀、祝禱、紀念、敬仰等活動來表達。

這兩類不同的民族氣質，使其原始文化也呈現出不同的特徵。從遠古形成的民族特徵看，中華民族是一個雜食且以植物性食物爲主的素食民族。這樣的生存活動與飲食習慣使原始采集活動越來越重要。當采集活動受到了我國大部分區域四季分明的自然條件影響時，人們對自然的依賴就會變得重要起來。他們易於將自然神靈化而產生自然崇拜，并將這種與食物來源有關的崇拜和集團生存觀念聯繫起來，也產生出類似於氏族保護神或氏族生命神的物像崇拜方式。但這些崇拜與圖騰崇拜有兩個根本區别：一是崇拜的物件與自然條件的變化有明顯的直接關繫，這種關繫是恒穩的；二是崇拜的物件較爲自由寬泛，在同一階段與相同區域内，并不固定在某一種特定的物件身上，而且這些物件可隨時間地點與自然條件的變遷而改變，用以記録崇拜物件的造型形象也較多變化。總的來説，這類崇拜是較爲隨便、較爲松泛的，極少明顯的森嚴而執拗的原始圖騰與禁忌現象。

以上這些原因，造就了這兩類民族在受、想、行、知方面都有各自不同的特徵，這是文明發展的主要途徑。

我們可先舉視覺感受不同的基本例子。肉食民族獲取食物的基本方式是找尋、捕獲、獵殺、分割這樣幾個階段。他們會經常在夜間活動，隱蔽自己并發現獵物的形體和氣味，用單眼觀察、體量、估算并射殺擊殺，捕獲後按等級與食量分割。這個感受過程主要是個體的感受與體驗，更重視瞬間的判定和及時的行動，有相對較大的刺激與危險，缺少相似條件下的經驗重複使用與禦防。久而久之，他們重視的感官是鼻子和眼睛，是肢體與肌肉，是個體體魄與體力的運行與運作。

素食民族生存的手段是采集籽食枝葉或貯藏籽食與根莖。要在白天天氣好、光照明亮的條件下尋找選擇成熟、可食、可采、耐藏、好搬運的籽食莖葉，還要躲避有害的野獸和毒蛇毒蟲。他們很少有失去生命的危險，主要靠眼睛觀察和嘴巴嘗試來判定食物是否成熟。雖然也有攀爬跌落的危險，但多數是靠個體的習慣防止傷害。他們多數是可以共同平和地采摘與觀察，甚至有以往經驗的交流與互動。雖然也有草木花果的香味或變質發酵的果實味影響嗅覺，但這些氣味多數不像動物氣味那樣個體特徵强烈并漂移出沒，且多數隨季節氣候的變化而變化，受自然節氣的影響，較少受個人嗅覺的掌控。因此，素食民族有更詳盡的視覺判斷與聯想。原始條件下的草木籽實，大多細小而類聚，多隨節氣變化而共同成熟，也易於集群采集。人們更重視色彩的變化與成熟的關聯。對於較大的果實，也可以通過它們的體量、色彩及其表面的質地變化來判斷是否成熟、可食、耐藏等，而且這些結論都可傳遞、多商議、可否證，更加促進原始人類感受與本質關繫的聯想推證。他們很少用一隻眼觀察物件，也很少從一個固定角度觀察對象，因此，他們企望有多眼多角度的觀察，這才增進了他們視覺的多重性質。肉食民族的神靈多數是一隻眼的神靈，而素食民族的神靈多數是多眼神靈。中國古代社會中，神靈有天眼，聖靈有四目，以至於有『個個有心眼』一說，這都是原始生存之遺風所致。在當今的文化習俗中，我們不難看到西方人在所有的化妝或顔容的處理上，都重視鼻子，鼻子是一切化妝的基礎和中心，也代表智慧與心靈道德，『説謊的鼻子』、『小丑的鼻子』都是衆所周知的代表。而中國人則更重視眼睛周圍的表現，更突出顔面與嘴，反而將鼻子部分弱化或醜化。『容顔』的本意就是原始時期貯存籽實以過冬的狀態，『人活一張臉』的俗語及『寬容』的美德，也正是原始先民的感受傳承。在現代漢語漢字的傳承中，中國對『眼睛』與『看法』的表述是舉世無雙并無以復加的，每一個關於『看』（也含『不看』）的行爲記録，幾乎都包含了（或有意捨弃了）最初表達人眼使勁觀看的（立起來的）象形的『目』字，也表述了他們的看法，以至心情、德行、品格。我們細細品味一下這些漢字：瞧、看、瞪、盼、省、盲、視……就不難體味素食民族對眼睛感受的豐富，更不用説那多如牛毛的『白了一眼』、『掃了一眼』、『斜了一眼』之類的俗語和文辭了。後來的文明，甚至將人類古老文化交往的視覺判斷觀念，移入了圈養的社會化家畜家禽描寫中，造就出不少移花接木的『狗眼看人低』、『鵝目横人』這類俗語和故事。仔細想想，在一些漢字中已較早地體悟到了人眼視覺變化與所謂的機制能力。也試舉一例：中國人都知道『門縫裏瞧人——把人看扁了』這樣一則表示小看人、瞧不起人含義的歇後語。實際想想：從門縫裏瞧人，祇能一隻眼觀看；而雙目同視，才是瞭解空間體量的視覺方式。故一隻眼祇能觀察到平面的人體，是扁的，這不是最初明白不同視點的雙目感知空間判斷的最好説明嗎！還有一個漢語成語『望眼欲穿』，這個大約在戰國已產生的成語，已明確表達了中華先民已感受到視距與眼球調焦的關繫，這個成語表達的就是眼球因遠視調焦幾乎要凸出眼眶之外了。正是這類感受，才使得中國先民們及早地重視各種情況、各種條件下的視覺，成了最具目光且有心眼的民族。

我們再舉原始民族極爲重視的聽覺感受爲例。肉食民族是極重視聽覺的，素食民族同樣重視聽覺，因爲在原始生存條件下，聲音是最能傳遞信息，也不受環境或媒體阻礙的。同時，聲音也是人們能共同接受的信息元素。所以，在許多原始民族中，聽覺傳遞是最初文明形成的重要感受。西方有人説過：『聖經開首應是這句話：萬物之先先有節奏。』的確，音樂是人類文明最重要的發展途徑之一。

中華先民們在原始生存階段也對音樂有了非同尋常的感受與特殊的重要認識。在孔子出生的年代，社會已普遍呼籲『禮崩樂壞』了。可見在此之前，不但有一個以『樂』成禮的禮樂鼎盛的時代，再前必然還應有一個對『樂』的認識與應用的時代，後來才可能將社會普及的『樂』逐步上升至統領社會的禮制，這是一個至今還讓人仰慕的『以德控法』的時代。如果我們再考察一下彩陶時代的樂器與留傳下來的漢字，就不難體會到中華文明中如此早出現的『禮樂』。彩陶時代中最引人注目的樂器是塤和磬，它們分別是人類最古老的吹奏樂器與打擊樂器，也許還有一些其他不復存在的以竹、木、皮制作的古樂器。我們知道『鼓舞』、『鼓勵』這些含『鼓』詞語的古老與作用，也熟知『絲竹』、『八音』這些古老衆多的器樂隊伍。如果我們更進一步地瞭解法律的『律』字，本來就是指音樂中確立音高的基本法則，我們就不難知道中國先民對聽覺與聲音的側重了。在同一氣候帶聚居的先民，他們希望共同掌握天時對種植或采摘的影響，最有效的方法就是以有共同節奏與音高的鼓或磬、鐘等做『信息』，按節奏敲擊以使聲音漸次傳遞。這就是古代最『鼓舞』人的『仙樂』。古籍記載黄帝的樂官『樂正』，就是負責制定正聲（標準音高的主要樂音）的『夔』，而衹有他一個人就足以管理農事與天時之秩序了。古籍中稱『夔一足』。先民們極早就確定了宫、商、角、徵、羽所謂的『五音』。到了青銅時代，他們最早鑄出了傳達農事信息的『鐘』，又將鐘與象徵政權的鼎相關聯，用『鐘鼎』建構了『禮樂時代』。當今已證明了，這些音准的確立，與後世所有文明認同的『音律』等同。衆所周知，當代出土的戰國時代的曾侯乙墓編鐘，共有九十三個樂音的音高，比當代西方鋼琴的八十八個（初衹有八十五個，二十世紀後才增至八十八個）音高還多。這也説明了人類種族文化感之中本質所共同之處。而撞響鐘之木或銅錘則被稱爲『鐸』，後世對孔子的評價中有『天將以夫子爲木鐸』之句，也説明了最初對音律的確定，也反映了與天的規律相應的重要。後世許多世紀，『律』成了中華民族最重要的標準之一，這就是農業文明聽覺感受最重要的成就。更重要的是，對聽覺的感受，更廣泛地涉及到自然規律的變化，使得聽覺的感受觸及到了每一個人的身心，而使這種感受社會化成了一種潛規則。

我們雖然衹舉了視、聽兩個方面的感受方式，實際上這正是人『聰』、『明』的兩種狀態。在所有的感覺方式中，我們的先民依仗了平和的生存與和平的交往，都能相互交融、相互替補，形成不同感受門類、不同感受方式的相互溝通、互相聯想、共同表述、同時深入的特有方式，形成了在文明發生開始，每一個個體和集群都能在自然環境的周期變化中『百感交集』的個人個性發生發展的同構。

【二】載地容天

多種多重感受的百感交集，使素食的中華先民牢固地把握了中華古大地上的文明發展方向，使得這片水土的社會走向了特殊認識的天然記録，也漸漸派生了統一而變化的『天工開物』。

地上的河流山川、花草樹木會隨著人的選擇而形成一定的聚落和景觀，形成定居的、方便生活生產的村落。并有疏密排布的漸漸形成有一定規矩的村莊與人們集聚活動的場所，後世所謂『社』會，也就沿於這種活動的聚集，所有這類大地上的固定景物，大致有大地固有的石和水土，還有人們栽種的草木之屬，再有一些可作移動變化的，就是人們活動使用的火、柴、器皿和食物，工具和用器，再有就是與先人共生的各種生靈，定居動物和旅程生物了。人們對這些東西的觀察認識記録，首先注意它們是生長繁育的與人一樣的『生命體』，還是那些供各種生命體生存使用的各種物體的『非生命體』。其次，是重視它們的形狀色澤，更重視它們質地上的分類，故而，有用『食』、『色』這兩大觀念表達生命特徵與物體共性的原發性本質認識，知道了『群』、『類』之間的异同。

素食民族更多的『感』不是對事情與物體去分割，他們不可能去數數每個人吃了多少顆稷，也不會去觀察哪一粒粟的顔色和質地成熟與否，他們更多的是記憶某一類色澤質地的穀物成熟可食，這類穀物是在以穴居住某個方位距離多遠的處所采集所獲，所獲的時令與氣候也成了重要的參照記憶，植株的生存周期與籽實的繁育多少也漸成了定居采集的重要經驗信息。先民們便是這樣，記憶著外物之間的相互關繫，從而仿佛記住了平常『感』受的收穫，見到了感『受』的規律，將這些規律記住并應用于後來的和平的生存活動與交往中。隨著每個人生命的增長延續，這些感受亦增加并獲得驗證，於是，『經』歷的『驗』證成了生存的寶貴財富隱藏在年齡的歲月中被保存傳遞，這正是尊重老年人的重要成因，較之肉食民族捕獲生存初始階段老年體弱的情形，無疑又是文化發展的『兩重天地』。

如果我們瞭解了先民們以本身居住處爲『中心』的生存環境與平和的交往活動方式，就瞭解他們的地域就是在不同方位上的延伸，好在天設地造的方位在當今看來，正是『東西南北』這四面八方，或者四面加上上下的天地『六合』，也可能『東西南北』再加上自身所處的『中』，後來形成的所謂『五行』。從歷史發展的角度看，思維的主體是從『五行』與之相關的『人』和『四神』開始，依次拓展到天地六合的。原始先民對地物的『五行』類歸，就是與東、南、西、北、中互相對應的金、木、水、火、土了。在這個五行鏈中，每一個都成了後來漢字最重要的部首或偏旁，這正說明了中華文明發展的履迹，而在能見到的古籍文獻中，『木道乃行』又成了『五行』之首，也更說明了第一農業文明的發生發展特徵與路數。在以上的順序條件下，中國人把天地的竪向作至高準則，稱之爲『經』；將地上的方向交集的橫向作事理判斷，稱之爲『緯』。

我們從現代漢字的傳遞中來分析一下先民感知的不同階段，綜合以上不同階段，感受大概有這樣幾個過程：感、受、見、知、識、覺、悟、思、省、記、憶、經、驗、行、爲。也許還有一些，衹要仔細琢磨一下這些古老漢字的字形結構與最古老的組詞含義，也不難明白原始先民思維履迹的大略情形：

感：感，咸、心也。咸，都這樣；心，橫放，每個人之用心、隨心。

受：受，相付也。爫，天垂多象；冖，天界也；又，以手承之。

見：。，竪目而見；，體屈而受之。

知：，司言也。，有方向目的之矢；，能口道之。

覺：。，雙手承文（共識規律）；，天界也；，見之。

悟：。，心經之形，社會共識之心象；立寫吾（），每個我三個人；口能道之。

思：，田、心，個人可耕心田也。

省：，少、目，無須多看，多以心象思之。

記：，言、己，己言可道。

憶：，竪立心，社會共識；意，個人心音。

這樣粗淺的解讀，無對錯可言，更不要『詳訓詁，明句讀』了。我祇是一個提示，漢字中最重要的人、心都有橫、竪兩種寫法，表示的應該是『經』天『緯』地（共識與個性）的心識的含義，供大家多思共識。

爲何在幾千年前基本創造了這類漢字，它表示了先民們載地容天的人文主張與表達傳遞方式和風格。

在觀察可運動的，主要是周邊的動物、候鳥、游魚時，因爲我們的先民們感覺方式與表達方式的特殊，同時注意了它們的類別、出没、活動狀態，可以長期和多次重複主體百感交集的『以我度物』的觀察，可以交流感受方式和結論，因而，更容易取得共識性的記録。這類記録也有中國文化特徵，不是西方文明那種以典型個體爲標準，而是用共識的『以類取象』爲原則的特徵。不是以解剖死物，而是以觀察活體爲主的分類方式。

從彩陶繪制的紋樣上，我們明顯感覺到先民按形體與形態的發展變化特徵，以身體的生存環境與生活方式，以各自的運動方式和主要運動器官，甚至以其軀體各部位的表情方式來對我們周邊的動物群落按地面的方位分成了『鳥獸蟲魚人』五大類。而且以活人的感覺來對他們（也包括它們）作出判斷，你生存在哪裏，比如在水裏，在空中，在地上，在土裏，他把人周圍的這些動物和人一同歸爲鳥、獸、蟲、魚、人五大類。它們的運動方式是飛的，走的，爬的，游的，行的？身體的主要運動是什麼，魚，擺尾巴；狗，靠脚走。走、游、飛、爬成了相應動物的主要運動特徵。蟲是靠軀體的扭動前進的，身軀的主要特徵成了記録它們的方式，魚有鱗、龜有甲、鳥有羽、獸有毛，人什麼也没有，叫『裸蟲』。爲什麼人也叫『蟲』？人也住地下啊。而且，飛鳥、走獸、爬蟲、游魚、行人，這五大類各自又有以他們的運動（在地上）器官作個體稱謂的：每隻（脚爪）

鳥，每頭（角與頭）獸，每條（軀體）蟲，每尾（尾鰭）魚及每位（社會一席、有德行）人。難道這種分類法不生動科學嗎？難道非將鯨魚殺死解剖，知道它胎生哺乳，把它歸成狗一類的獸，再將魚字邊的『鯨』改成犬字旁才合乎現代科學嗎？可惜水中的鯨魚快被消滅盡了，岸上的鯨魚肉還擺在超市上賣。中國人是按照這樣來分類的。它們的生存狀態、運動狀態決定了它們歸屬哪一類。因此，中國人觀察的是生命狀態而不是死物。西方人是把它們打死了來解剖分析。中國人不是，一直觀察的是活生生的生命狀態。最有說服力的是中國人把這種生命狀態用自身的語彙表示出來。比如桌腿、桌面、椅背、地衣、杯口、杯耳、窗眼、門鼻、壺嘴、床頭、瓶膽、菜心、菜脚、笤帚屁股……我們不得不驚嘆，這些『東西』在中國人眼裏，竟然全部成了擬人而稱的對象，這裏的『腿』、『面』、『背』、『衣』、『口』、『耳』等字首先是拿來形容人的。它們正是以人度物的結果，由人而及物，我們實在說不清楚有多少這樣的漢語詞彙。在中國人看來，世間萬物都是人的照應，朽木上的菌類被稱爲『木耳』，地面上的低等植被被稱爲『地衣』，他們甚至將某些定居在家中和聚居處的共生動物稱爲『家鼠』和『家雀』。我們將許多東西付以人的名分：桃子、李子、杏子、瓜子……我們將許多境界加入人的感覺：熱鬧、冷靜、清幽、明亮、焦慮、和藹……我們還將許多判斷摻入人的情緒：鳥語、狼嚎、鬼哭、猿啼……世間萬事萬物被化成了人的形體、人的姿態、人的感覺、人的情懷、人的希望、人的理解，化入人的喜怒哀樂和生老病死，化入人的善惡榮辱和悲歡離合之中，這樣的被認知、被判斷、被記録、被變成人的文化符號，完完全全是用自身的生存方式來體會天地萬物。這也是以人之性情的存在作爲標準的文化樣式才能實現的。所以中國人是最講人性的，他處處講人性，講『人』，講活人活物。

定居民族也是從自身的角度來觀察大千世界并最後產生了物候曆法與天文的農曆曆法。觀察和記録大自然的變化是爲了掌握其變化規律，掌握天時便成了定居的中華民族能够生存與繁衍最重要的特徵。以日月星辰爲最明顯特徵的大自然無時無刻都在變化著，而最好的觀察方式是以『我』的『静』來推論大自然的『動』。古人通過觀察月亮與星星的運動變化，記録了最原始的天文。在觀察月亮的時候，古人發現兩個没有月亮的晚上相隔二十八天，在這二十八天裏面，月亮分别停留在天空二十八個不同的位置，在每個位置過上一『宿』，所以記録天體運行的『二十八宿』產生了。古人又根據一年中北斗七星斗柄不同的指向，把天空的二十八宿分爲東青龍、南朱雀、西白虎、北玄武四個區域。同樣，在觀察天體的時候，古人發現衹有北極星是不動的。在一年四季裏，北斗七星都是繞著北極星運動，北斗星繞北極星一周，地球上就出現了春夏秋冬的四季更替變化。古人根據這個『天時』與地球上物候的變化，就定出了最早的曆法。北斗星的斗柄指正東邊時，是春分；指正西邊時，是秋分；指正南邊時，是夏至；指正北邊時，是冬至。後世的『二月二，龍抬頭』諺語，其實就是說在二月二這一天，角宿露出了地平綫，北斗七星的斗柄正好指在了東方青龍的角宿上。這也正是農耕民族記録天文現象的真實寫照。

除了觀察天文，觀察地上生物的變化也是定居民族的一個重要特徵。《周易》上講的『見龍在田』正是這種觀察的寫照。因爲是定居和種植，大地上的變化便成爲他們關注自然變化的對象之一。春天的鹿角長了，夏天的青蛙叫了，等等，周圍生物的這一些變化，就作爲原始人類掌握最初天時氣候的參照。青蛙的『蛙』字從蟲、從圭，『圭』就是古代測天的儀器，能像測天儀器一樣告訴天時氣候的蟲子就是『蛙』。這是古人觀察原始物候的結果。由於是農耕民族，地物的變化直接反映了天象，天象的變化也直接作用於地物，這種對變化天時的把握直接決定了生存所需要的糧食收成的多少。後世的諺語『但得立春晴一日，農夫不用力耕田』、『雷鳴甲子庚辰日，定有蝗蟲損稼禾』，就直接反映了古人掌握天時與物候的經驗總結。故而，掌握物候曆法成爲中華民族基本的生存需要。

中國是世界上編制和應用物候曆最早的國家，三千年前的《夏小正》一書，即爲記載物候、氣象、天象、農事、政事的物候曆。二十四節氣和七十二候也是物候曆，從北魏開始七十二候被載入國家的物候曆。太平天國的天曆，將上年的物候記録頒布於下年的曆書中，稱爲『萌芽月令』，也是一種物候曆。在國外，兩千年以前雅典人也已試制了包括一年中物候推移的農曆，至羅馬凱撒時代還頒布了物候曆以供應用。

物候曆體現了物候現象的順序性和同步性，即同一地區的各物候期的先後順序基本上是固定的。年際間，由於氣候的波動，各物候期可有一二十天的差异，但它們衹是作相應的提前或推遲。它是進行農時預報的重要工具和基本資料。如在江蘇鹽城的物候曆上，毛桃始花和早玉米、大豆播種，野菊開花與小麥播種等的日期是對應的，前者是指示物候現象，後者是農事活動，每年衹要觀測到這些物候現象時，便可進行相應的農事活動。利用物候變化的同步性，根據前物候現象的早晚，作出農事活動的預報。極早時代鐘的報時使用，使中華文明發展至前所未有的高度，江南後世有佳聯：『一百八記鐘聲，喚起萬家春夢；二十四番信風，吹香七里山塘』。仍可見那個原始生態之一斑。

上古『羿射九日』、『嫦娥奔月』的著名傳説，我以爲就是一個『去古曆演算法，以月曆爲準則』的上古大事演繹而成的。以十天（十日，上古采用十進位，十天爲一旬）爲曆數，導致天時與中國地方作物生長『草木焦』，於是舜時代的羿（可能是天官）去掉了九天（射九日），衹留一日（以一天計）。然後，嫦（恒）娥（陰）奔（靠近）月（太陰），并抱玉兔（物候動物，以畢、碲捕之），形成以月象爲曆，遂永生。『畢』等便成天上計天候之星宿，月也成了國家農曆之主，二十四節氣更列其中。而且角、火、土、木、金、萁（鰭）、尾等都留在了天上星宿的名號中。

於是，定居的素食民族在載地容天中以重經注緯更往前行。

【三】文心萬象

文明的發生發展，除了定居生產生活的發展變化，更重要的就是傳達表現并記録文明認識結論，并根據這些認識創造出更新的生存方式與認識。

素食民族在天設地造的中華大地上定居并創造了别具格局的第一農業文明，且以平和與和平的生產生活方式造就了和平的社會交往模式，進而創造并記録了文明史前的生活方式，指導著文明向文化發展的道路。

一般來講，我們認爲文明與文化是有區别的，文化是文明發展的高級形態，漢字最能標識出這種區别。『明』是指彰顯明瞭，『化』是指徹頭徹尾、從裏到外，『文』是指所選用的各種元素。在這層定義上，我們必須認識到第一農業文明是中華文化的總括，也必須找到它影響後來中華文化發展的關鍵。

最值得我們重視的是，在四季分明的定居條件下，第一農業有了長足的發展。我們中華民族是世界上最早掌握種植技術的民族。據現代考古，裴李崗出土的種子證明我們中華民族早在八千年前已經掌握了農業種植技術，已經懂得了春耕、夏耘、秋收、冬藏的農業種植規律。在原始農業時期，分布在長江、黄河流域的各個氏族部落就掌握了原始的農業種植。炎帝有號『烈山氏』，『烈山』是什麽？這有可能反映了原始農業的焚林開荒和刀耕火種。刀耕火種是新石器時代殘留的農業經營方式，是原始生荒耕作制。先以石斧（後來用鐵斧）砍伐地面上的樹木等的枯根朽莖，待草木曬乾後用火焚燒。經過火燒的土地變得鬆軟，不用翻地，利用地表草木灰作肥料，播種後不再施肥，一般種一年後易地而種。黄河中游仰韶文化區早在公元前五千至三千年就采用刀耕火種、土地輪休的方式種植粟、黍，南方也在商朝後期用此法種稻。公元前一世紀以後，部分邊遠山區仍保留此耕作方式。隨著生產工具由石刀、石鑿、石斧、木棒進化到鐵制刀、鋤、犁，種植作物由單一的稻穀演變爲稻、玉米、豆等糧食作物乃至甘蔗、油料經濟作物，耕作方式也由刀耕火種、撂荒發展到輪耕、輪作復種和多熟農作制。

在黄河流域，原始農業以種植粟爲代表。河南鄭州的裴李崗文化、河北武安的磁山文化出土的證據可以證明。繼承這兩個早期新石器文化的是河南澠池仰韶文化，它的分布極廣，北到長城沿綫及河套地區，南至湖北西北部，東至河南以東，西至甘肅、青海接壤一帶。新石器晚期在黄河中下游又有山東章丘的龍山文化。在長江流域，原始的農業種植則以水稻爲代表。浙江河姆渡文化遺址出土了中國最早的種稻遺迹，也是炭化稻穀出土量最多的遺址。在太湖地區形成系列的稻作文化有浙江嘉興的馬家浜文化、上海崧澤文化和浙江杭州的良渚文化。長江中游的新石器文化有四川巫山大溪文化和湖北京山屈家嶺文化。其他的新石器文化還有長江以南的華南和西南地區的跑馬嶺遺址、廣東曲江的石峽遺址及雲南賓川的白羊村遺址等。從各地遺址出土的材料看，當時的農業生產工具以磨製石器爲主，同時也廣泛使用骨器、角器、蚌器和木器。此外，還普遍使用加工工具，如石磨盤、石磨盤棒和石臼、木杵等。這些文化遺址的證據證明了中國的原始農作物種植已經普遍并成系統了。

原始農業分爲刀耕和鋤耕兩個階段，這都是針對利用土地而言的。刀耕就是『刀耕火種』，刀耕火種的土地衹利用一年，收穫種子後即弃去。等撂荒的土地長出新的草木，土壤肥力恢復後再行刀耕利用。到鋤耕階段，有了石耜、石鏟等農具，可以對土壤進行翻掘、碎土等加工，植物在同一塊土地上可以有一定時期的連年種植，這也給定居提供了方便。在黄河流域，因爲氣候相對乾燥，所以種植旱地作物如粟、黍、大麥、小麥、大麻及大豆等相對較多。長江流域及以南地區因氣候溫暖，雨量充沛，湖泊、沼澤、河流衆多，適於種植水稻以及耐陰的塊根塊莖作物如木薯、芋等。當農業得到了發展，人們就能够定居下來。兩河流域作爲農作物種植的兩大起源和發展中心，一個以旱作粟爲代表，一個以水田稻爲代表，它們各自在擴展、傳播中交融。到了新石器時代晚期，水稻的種植已推進到河南、山東境内，而粟和麥類也陸續傳播到東南和西南各地，終於形成有史以來中國農業的特色。

隨著農耕的發展，農業生産的種類逐漸增多，在《詩經》中提到的農作物有禾、穀、粱、麥、稻、芑、菽、麻、苴等。此外，園藝生産已有果樹與蔬菜的分工，瓜、果、杏、栗等園藝作物都已種植。根據甲骨文和《詩經》等的記載，養蠶已成爲農事活動的一部分。由於糧食增加，釀酒開始普遍起來。最初甲骨文中的『男』字就是出力耕田，而蠶桑傳説已是黄帝時期的産物，可見至少在新石器末期，定居已有男耕女織的分工，中華大地上已是一片和樂分工的欣欣向榮景象了。

在這種條件下，更應該注意社會的發展與文明的推動。最值得注意的是平和的生産方式與和平的交往方式，這對社會的共識與表達記憶等文化系統的形成，有最關鍵的作用。同時我們應該注意，在這樣平和、和平的社會生存中，中華先民們對容地載天的百感交集，選擇和采用了怎樣一種『社會人』的記録表述與傳達特徵。

素食民族是白天謀生的，而肉食民族很可能要徹夜狩獵。定居後的第一農業肯定是『日出而作，日落而息』，不需要另外采光，也無夜生活的體會。白天生產勞動，自然注意的是修身與勞心，而不是勞體和傷神。這種白天光明正大的和平交往與平静勞動形成了兩個非常重要的基本判斷特徵：對個人的判斷是以他人的判定爲參照，對社會的判斷是以自然的規律做標準。比如想知道一個果子熟了没有，他會與同伴説『你看果子熟了没有』。他兩個眼睛看還不够，他還要參照過去的視覺經驗，比如他爹説『去年我就摘過這樣的果子，没熟』。『你看熟了没有?』『我看還没熟。』爲什麼，我去年采了還没熟，因此他的參照系是集群中間的人。而集群的參照系是天的規律。如果去年摘的熟了，你怎麼説今年的没熟呢？因爲當時他没有去年的概念，他搞了一年，把握了這個作物生長的規律，今年又搞出來了，所以，他就形成了所有的『仁』：『仁義之心』與『天道之心』。

『仁』是什麼?我們中藥裏頭有『仁丹』，許多藥名都有『仁』，砂仁、杏仁、桃仁、柏子仁、酸棗仁、益智仁、薏苡仁……吃的有花生仁、火麻仁……還有個對聯『桃仁杏仁柏子仁仁心濟世』，這個『仁』與那個『仁』一樣嗎?但都是一個『仁』！爲什麼我們中國人要用這個『仁』？大家要好好思考。我說過，『人』字有兩種寫法，一是橫著的『人』，一是豎著的『亻』，豎著代表的是社會的人有不同（亻，有高有矮）個體的感覺，都同等對待，代表的是社會規則。一個具有社會規則、社會規範的『亻』與橫著的兩畫組成一個『仁』字，那麼這個『二』是什麼？是世間的事物有長短，但同等對待。是『是非』，是『陰陽』，是『升降』，是『聚散』，是『主客』，是『晝夜』，是『晴雨』，是『心物』，等等，簡單一句話，就是社會文化規則。一個具有社會文化規則的社會人，就是『仁』。你看植物種子也叫『仁』，因爲種子是植物生長的結果，也是植物生長的最初，也是原始采集生存最重要的籽實。這裏邊不就是體現植物生長規律這個『天道規律』麼？所以，我們對中國的文字要用心研究，你會發現裏頭豐富的文化信息。『義』是什麼？『義』上邊的『羊』是一個重要的大表，就是社會標準，下面是『我』，每個個體的我符合了社會標準，這就是義，這也是社會認識共同結論的結果。那麼，中國人的這個『仁義之心』其實就是個體行爲與判斷結果符合社會規律和由個體組成的集群文化判斷的結論。而這個結論就是建立在對自然的把握與衡量之上的。這就促成了個體在社會生活中的『修身』與契合天道的『勞心』相結合的人格特徵。

我們中華民族爲什麼講究平和與中庸呢？因爲他要以自然的規律來衡量集群的判定，由集群中其他人的感受來判斷個體的結論。因此，他一開始就是社會性的，與西方强調個體力量不同。他强調的是平和的交往方式和生產方式，在這樣的前提下發展了中華文明。他没有必要去殺死個體掠奪食物。你可以采集我也可以采集，我采的没有你那麼好我還要跟你學習。我們人類最原始的交往就是生存方式的交往。生產方式、交往方式、禦敵方式或許在族群間產生摩擦，但是平和的生產與交往方式衹需要種子的采集與食物的分享，不需要殘酷的流血鬥争，没有弱肉强食。

實際上，後來中華文化的仁義内核，就是第一農業文明人文精神的遷延。遠在文字尚未統一之前的春秋時代，孔老夫子就以其『仁愛』哲學鳴世，而『仁』的根本便是『己所不欲，勿施於人』，是『愛人』。他的後學孟子承其衣鉢，其宗旨全是『講道德，説仁義』。自此後的儒家學派，無不推崇『民本』、『民貴』、『民重』的思想。漢代崇尚孔子學説，其中心也是將人的地位提到『自然』與『社會』的框架上去，『天人感應』也好、『綱常倫理』也好，其本質仍是在對自然、社會的認識中尋找人的自身。

素食特徵，導致了個人感受與認知會以『我』的生命狀態爲中心，而百感交集的共同生存環境與條件，又在平和的交往方式與親情環境下形成了由己及物的判定與表述，而這種表述又促進了社會共同的認知和識別，也加强了社會人個體與集群的記憶和聯繫，這使得文明更深入地傳遞和應用，這就是中華文明能在中華大地上較快地形成牢固恒久的文化之重要原因。

另一方面，我們更重視的是，作爲文化的載體，中華文明有了自身絶對重要的構成元素與拓展條件，前面説到先民在視聽感受上的特徵，這是『聰』、『明』兩個方面的特長，而交集的感覺變化與互動，又易於形成『通感』與『結構』的豐富，有利於『信息』的形成與成型。這使得構成『聽』和『視』符號的語言和圖式在中華先民中有了獨特的形成管道與發展途徑。從彩陶時代的圖文上，我們可窺見并推測一斑。

從彩陶時代這個遷延了三千多年的時代中，我們不難見到中華文明發展的文化特徵。我在《彩陶藝術研究》一文中已詳論了這些，但我們在此還可歸納出幾個重要的特點。

首先，我們從彩陶器形的發展變化中可確定，中國的制陶是完全適應從采集向農耕定向發展的，也是同歷史時期世界文明中最發達、最深入的。中國的原始先祖完成了從基本容器到基本生産工具的一切轉化，爲發明瓷器與發現金屬打下了基礎。

其次，從紋飾上我們可以看到，圖畫的産生早於文字，圖畫的構成變化導致并制約了漢字的發展與構成規律，這在世界文明史中當是一種被發展到極完善的普遍規律。

再次，製陶是人類文明從較被動的進化（對天然物質的依賴和選擇索取），轉向隨身心創造的較主動的創造的標志和必經階段，這個階段決定了該文明發展的文化主綫。試看與陶有關的漢語詞彙：陶教、陶鑄、陶冶、陶熔、陶煮、陶蒸、陶育、陶化、陶染、陶醉、陶陶……這還不足以反映中華文化的創造、治理、教化、情愫這一系列社會文化履迹嗎？從各種紋飾變化發展中，我們不難看到先民們正是按照以「我」爲中，以「周」的劃分和聯繫爲經緯，對「二象」、「三分」、「四周」、「五行」、「六合」、「七政」、「八方」以至「萬物」等一切思維作了多方位探索，指明了人心思路的走向，也爲後世的「五行」、「六法」、「七竅」、「八卦」、「八法」等諸多文理規律作了開拓性的探索，真正完成了「人活一顆心」的主題。

由於多種物件與多重觀察，以我心爲中心感知和記憶，從石器以至更早的木石混用時代開始將石塊捆扎在樹枝上就已經形成了「構成」的用具。在打製石器時代中國人更注重石頭的質地和打擊的處所與擊打的痕迹，故而從紋的對質判定中找到了「琢」出來的玉，後來就有了「玉不琢，不成器」的認識，與將琢出來的「點」當成記録「主」（我）的符號，這便是漢字的開始，這也形成了自主的共識。而磨制石器的那一道磨痕，也就成了「一畫」（劃）的痕迹作爲記録符號的又一原件，從最初制陶表面用小棍戳出來的點和畫，都可知它們是記録傳遞信息的表達。彩陶上點和畫的應用發展，已記載了中華文化記録的始祖，點畫的探索是「圖」的發展履迹，而點畫的組合

（如木棍上綁石塊）也注定了中國文字以元素組成觀念并多向表達的基本方式，這也與最初的漢語表達使用單音節發聲、多聲調定音的原始生活中重聽的習慣有直接關聯。由於原始采集生存的交往，最初交流的多是直接呼叫的單音節聲音，而衹要按一定的聲調同時發這一音節的聲音，就會得多個不同呼叫的同一音，這是最容易派生又是最容易記憶的簡單語言，多個這種音節的搭配，可形成有複雜含義與多種聲調的單音節語言，漢語就最早走了這條易傳達、可記録的語言發展道路，并形成很完善體系的聲律、音韻體系，成了詩歌大國。直到現在，這類語言亦非常普遍，例如，擔擔、稱稱，直到『種花，種種種』這類游戲，都是最初漢語發生發展的活化石，不可能不努力研究與認識。

我在研究過程中發現了一個有趣的將圖畫轉化成漢字并應用的綫索，現大膽不完全地列在後面，供大家一樂開竅。也許是我想錯了也未知。

我搜集了彩陶中仰韶文化陶鉢上人面形紋樣的所有圖形，發現其相似處都相同，唯有口部畫法不一，疑是舜時期祭祀活動中口部的寫照，認爲是大家都在發『啊』這個呼喊時的不同口形，是『象形性』描繪，所以，這個口部應是一個古老的象形性漢字的源頭，我認爲是『啊』字，古寫成亞，後變成『亞』，至今仍讀『啊』。如果考察思考一下當今漢語詞彙，更有意思。

亞：如果在競賽中差一點得『冠軍』的人也會『亞』一聲，我們便叫『亞軍』了。

惡：當橫著一顆心的個人，看了某事會發出『亞』聲，這不正是惡的社會共識之含義嗎。

啞：當張口衹會説『亞、亞』，這不正是『啞』字的來由嗎。

當然，還有『歸飛啞啞枝上啼』這類歷代記音（烏鴉叫）和『周圍人群盡啞然』這類情緒表述，都可説明這個『亞』聲正是上古象形文字最漂亮（也是最難寫）的古漢字，由於它的聲、形及後來多向思維的發展應用而被保留至今，我們可見漢字發展之一斑。

綜上所述，第一農業文明已造就了中華文明的形成與中華文化的發展，這個以『人性』爲特徵，以『人心』爲主旨的文明，以人心的記述與傳遞的『言』和『文』依『符』和『號』的『不變』與『萬變』同具備完成了將事物轉化成觀念并由心變成萬象，并以無序耗散的轉化保持了符號單元的傳遞與復原不變，最終形成地球村中最獨特、最完備的視覺符號文字體系，直到今天還舉世無雙。這部分會在這套叢書中的《二階文明》那册中詳談。

這本書的研究思路主要是談原始文明，就是没有形成文明社會之前的彩陶時期，研究這個時期，重要的不是文化的『文』，而是紋樣的『紋』，這個『紋』（汶、玟）的出現，是我們先民把握了天時地利，更重要的是把握了人和。我們中華民族看重的是和平的交往方式與平和的生産方式，這種生產方式形成了中華民族獨特的智慧行爲和思維模式，形成了人與人之間的交往模式和往來模式，這些受、想、思、識、感等認知模式形成了後來的中華文化。我們中國的『六藝』、『六法』等在胚胎當中的形態無不與此相關，我們研究中國人的思維模式，就會發現中國人是以身度物、以衆人來測己、以天來測道這麼一個過程，有這樣清晰的認識我們才發現，我們的交往模式更多是縱向的。這也是在中國後來的文化規則當中，非常重視宗族、氏族的原因所在。它用自己直接感受的傳遞，用周行、環繞一周的表現方式，根據自然的規律、環繞的方式表述時空，這樣的記録方式四面八方、上下牽連，我們用『琢磨』兩個字來表示思考，琢磨就是點、畫生成的最初。這些點、畫形成了彩陶上的符號，它們多向性、多重性、從内到外、從表到裏、從大到小、從小到大不斷地延伸和發展，它無序和耗散的結構使中華文化表述的觀念變得豐富起來。重複的多走向，比如語言的雙聲、四聲甚至更多的發展。另一方面，我們的語言有多聲部、多聲詞、感情詞，我們中國的感嘆詞特別多，比如之、乎、者、也、焉、哉，這些都是虛詞，虛詞、平仄、有聲無聲都是在表述我們的情感。中國的這類詞彙運用特別多，在語言方面它體現了重複、多向。我們對虛詞、數量詞的發現，都是中國獨特的語言記録方式，這些數量詞涵蓋了中國所有的認知時空，比如『大道歸一』，天地宇宙的時空都能被『一』給包容。中國的量詞是獨特的文化現象，因爲量詞的存在，所有的數詞都可以拿來形容宇宙空間的萬事萬物。量詞的發生和出現使中華文明在最初就奠定了中華文化的獨一性。我們把這個問題梳理清楚，那麼第一農業文明的特徵就是中國文化的特徵了。

中國原始陶器上的人面紋

（1、2、4、5、6、8. 陝西半坡；3、9. 陝西姜寨；7、10. 陝西北首嶺）

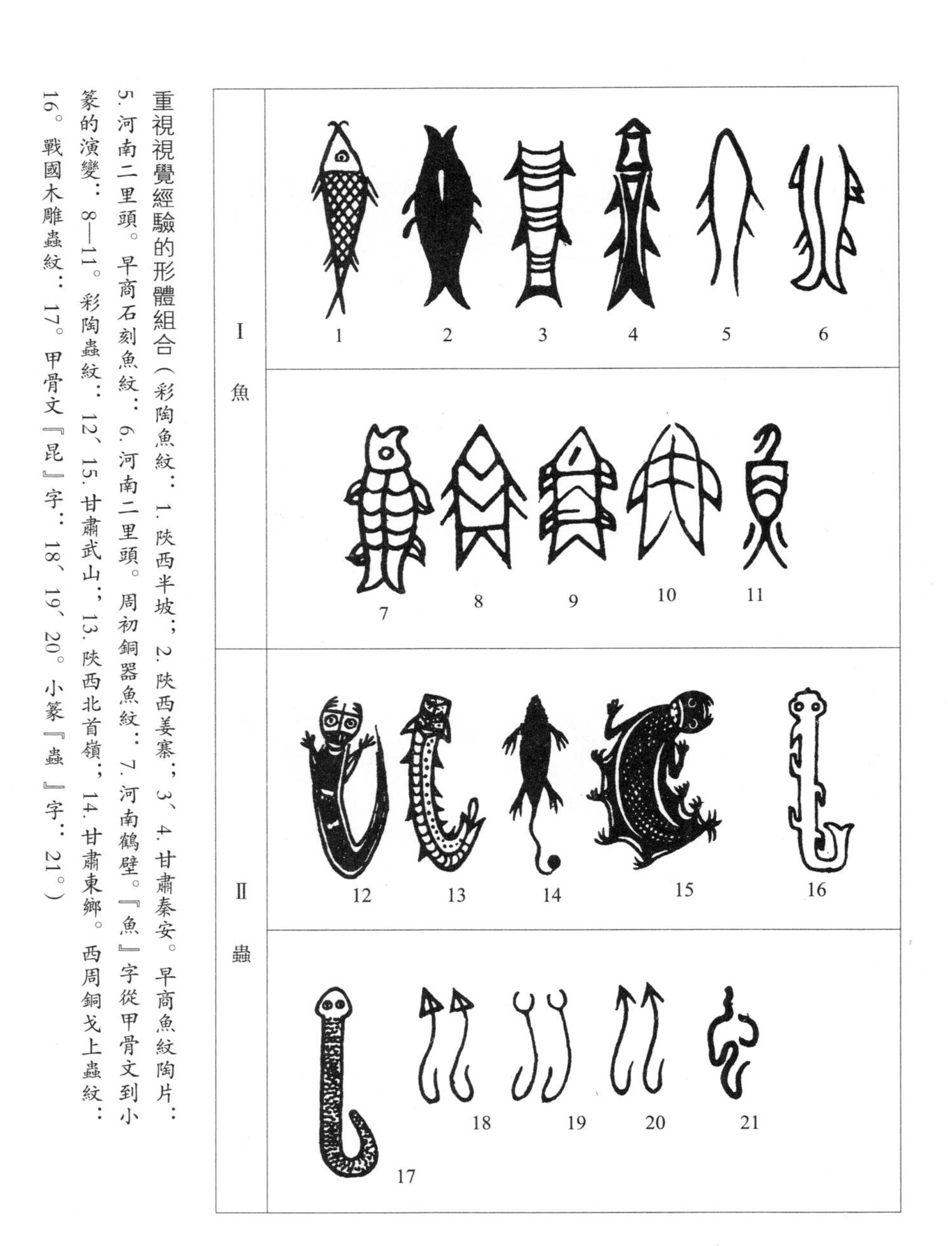

重視視覺經驗的形體組合（彩陶魚紋：1. 陝西半坡；2. 陝西姜寨；3、4. 甘肅秦安。早商魚紋陶片：5. 河南二里頭。早商石刻魚紋：6. 河南二里頭。周初銅器魚紋：7. 河南鶴壁。『魚』字從甲骨文到小篆的演變：8—11。彩陶蟲紋：12、15. 甘肅武山；13. 陝西北首嶺；14. 甘肅東鄉。西周銅戈上蟲紋：16。戰國木雕蟲紋：17。甲骨文『昆』字：18、19、20。小篆『蟲』字：21。）

幾何紋可能引起的聯想舉例

	動物的牙齒、鱗片、鬣毛等
	動物的鱗甲
	皮、鱗、甲、網、絡
	蟲蛇的軀體、獸尾、植物的藤枝
	犄角、眼、觸角、卷毛、植物莖葉
	俯視的動物頭部
	側視的頭部
	眼、日、月、星辰
	動物的軀體
	動物的尾、鰭、肢、爪
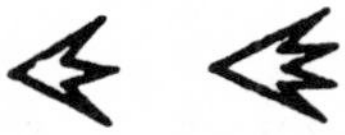	人的手脚，植物的花、葉等
	眼、鬚、爪、草、葉等
	爪、葉、穗等

眼睛的變化與點的聯想

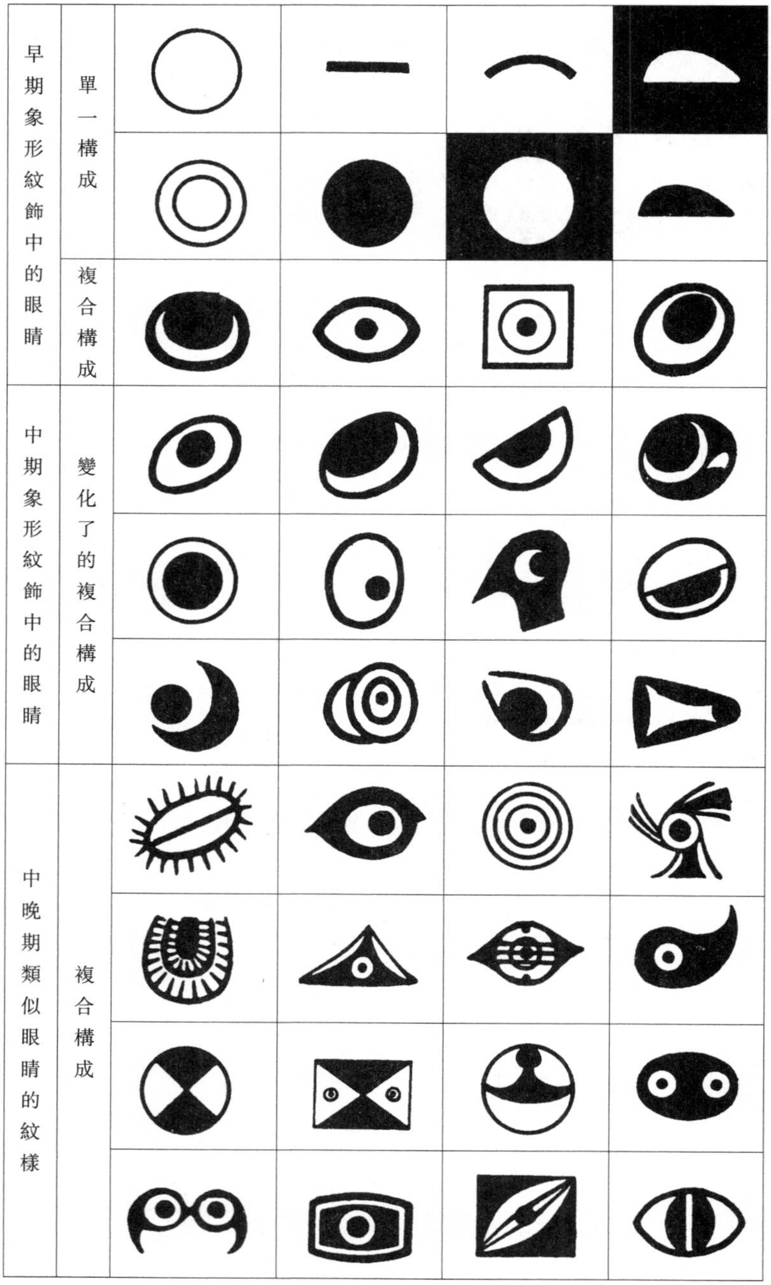

分期	構成				
早期象形紋飾中的眼睛	單一構成				
	複合構成				
中期象形紋飾中的眼睛	變化了的複合構成				
中晚期類似眼睛的紋樣	複合構成				

對動物運動部位的強調

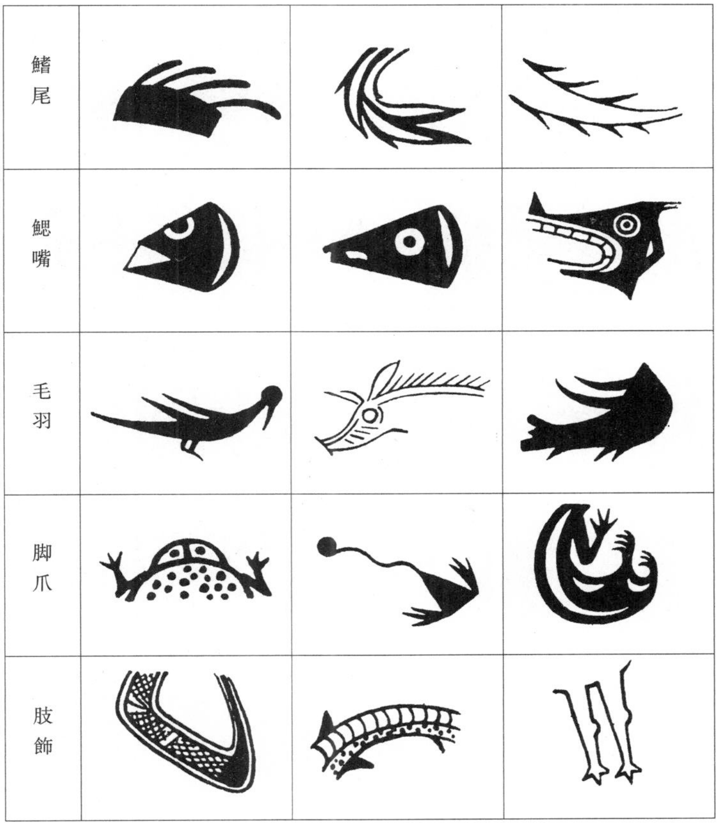

鰭尾			
鰓嘴			
毛羽			
脚爪			
肢飾			

夔龍紋耳銅方壺　戰國　河北平山中山國墓出土

T形帛畫中的日、月、金烏
漢　湖南長沙馬王堆出土
湖南省博物館藏

尾聲　中華文化的發展與特徵

第一農業文明形成時，除了給我們潛在的人性、個性、心性及寬容平和、共識共贏等重要特徵之外，由於它還能更廣泛、更仁義地對待一切事物與環境，故而它在後來的發展中具有多向性、恒常性的開放性特徵，并不是用孔武有力的侵占，而是用平和互利的浸潤式發展方式。

我們中華民族一開始就具備了開放性的特徵，考古學上越來越多的發現使各國學者相信這樣的事實：美洲大陸的印第安文化與中華民族的古老文化有著共同的淵源。無獨有偶，迄今爲止，所有石器文明中，衹有中國、南美與新西蘭地區出現了玉器，而其淵源極有可能是中華文明區域。在南美巴西發現的『大齊田人之墓』與在美洲各地發現的竹簡等早期中華文物，也說明中華民族的祖先在人類文明曙光普遍降臨之前就走向了世界。孔夫子都有『乘桴浮於海』的矢志打算。中華原始哲學著作《周易》，其本質就是變化的規律，『易』就是變動與不動，『周』就是周行與周期。『天行健，君子以自强不息』的思想，也是以運動與開放爲特徵的人本哲學。運用得最爲廣泛的五行相生相克理念，其本質就是五種基本元素的運行與變化法則。原始認識的自然中，『風』和『水』正是最主要的『運行』之物。後世基於五行變化基礎上的各種命理玄學和風水術，其本質上都是利用流動與變化、開放與恒穩的文化心態來關照人生百事的。

中華文化中幾乎所有最基本的視聽符號元件（文和辭中的『字』與『詞』）都具有不變與萬變的雙重特徵。一方面，它們具有開放體系中元件最本質的獨立特徵，即可在任何構架中保持自身恒定的模式與最牢固的自體結構，如：没有任何性、數、格的變化等。另一方面，它們具有開放體系中構架最廣泛的結構方式與最强大的結體功能。比如：

車：戰車、貨車、水車、糞車、軍車、自行車、碰碰車、車床、水車、汽車、馬車、風車、電車、灑水車、出租車、月球車、火星車、光子車、未來車、車輛、車輪、車輪戰、車厘子……

打：打人、打狗、打勾、打醬油、打小孩、打水、打救、打字員、打主意、打瞌睡、打盹、打毛衣、打領帶、打點、打算、挨打、打更、打發、打獵、一打、打打殺殺……

在這裏的『車』與『打』，正是在一種符號體系中發揮了充分的雙重功能，使以它們爲構成元件的文化信息體系呈開放狀態，我們可以指斥它們的『不準確』、『不可量度』、『詞性不明』、『結構邏輯關繫不清楚』等，這些指責都是無知與片面的，中國每一個老百姓一聽就懂、就用。更不可否認的是這兩個永不變的漢字將永遠使用，永遠實用，永不消滅。而這些，正是開放體系的特徵。那麼，我們自然無可懷疑在這種構架上展開來的中華文明與中華文化的開放性了。漢字本身它具備了恒穩的符號，同時也具備了可延續與拓展的觀念體系，它具備的這樣的東西非常多。所以它本身具備了『以不變應萬變』的能力。它爲什麼能以不變應萬變？因爲它形成了符號體系。漢字是文字中永遠不變的符號。英文不行，俄語不行，所有的外語都不行。外語它有性、數、格的變化。『我吃飯』，中國的『飯』字怎麼都不變，『飯被我吃』，『飯』和『我』都不變，要是俄語『飯』就要變格了，俄語有『給予格』、『補格』等等。它們都有傳遞與還原的變化，多不是當代符號學的符號。再比如，二零一五年是我們中國的羊年，我們中國的『羊』字就不變，羊可以組成山羊、綿羊、羊羔等詞，英語就沒有獨立的『羊』字，他們山羊、綿羊有對應的英文單詞，所以，外國人如何翻譯中國的羊年，他們就沒法統一。

我們中國字不用變的。我們中國還有些外國所沒有的詞彙。比如中國有量詞，外國沒有。而且中國的量詞很奇妙。比如這個『把』字，在『一把筷子』中，它就是個量詞。一把菜多少錢，量詞。『他從懷裏掏出一大把鈔票』，這裏的『一大把』是多少？不知道。所以，中國的量詞是很奇妙的。西方没有。我們經常用量詞去駡人。有一次到北海，他們説北海有什麽看的，我説當然有得看了，我説我就是來看這個『片』！就是『片』，一片貝殼、一片沙灘、一片白帆、一片大海、一片白雲、一片晚霞、一片藍天，哪個不是『片』？都是『片』！

我們中國人將衹有代步作用的『馬』列爲『六畜』之首，將馬的精神形象當成了『人』的象徵，留下了『千里馬』的借喻與每天都説的『馬上就好』、『馬上發財』等詞語。在中國遠古神話中，『逐日』與『奔月』是舉世無雙的，中國古代神靈幾乎都有『騰雲駕霧』、『電輪雷車』的行動本領與『千里眼』、『順風耳』的認識方式。中國的菩薩也成爲『觀音』，連中國那『人心營造之象』的代表『龍』，也是一種具有全能運動方式與全天候運動能力的生靈。當人類的文明贊揚著人類勞動的雙手時，我們還特殊地注視著人類默默無聞的雙足，『邯鄲學步』、『鄭人買履』、『乘桴浮於海』、『畫蛇添足』、『守株待兔』，這許多哲理正是借『足』而發；我們將别人尊稱爲『足下』，連中國人行走之路也借用了哲學中最高的『道』來稱謂。中華文化的開放性是基於自身的『中心』，向四周、向道與器、向人與神、向過去與未來、向時間與空間多維度立體式地發展的。

中國文化是如何發展的呢？它是浸潤式的推進與平和式的發展，不强迫的。當然有人説中國文化是個大染缸，對，不是大染缸怎麼算是文化？一塊石頭它是文化嗎？石頭它也要浸潤變化，文化就是要『染』的，中華文明最先關注色，每個人都成了社會『角色』，不染你怎麼知道你屬於哪一塊色？徹頭徹尾、徹裏徹外才叫文化。這個大染缸最能夠把其他文化浸潤掉，歷史上有文字記載的歷史大概有八千年。所有進入中華大地的民族全部被這個大染缸給浸潤了。染了，他們的文明也强大了，中華文化更加壯大了。如北魏拓跋氏等，北魏的皇帝開闢了大量的石窟，統治了中國大地一百四十多年，但是最後，全部按照中華文化的禮儀來完成了文化轉化。最後北魏消亡了，西夏也是一樣。也就是『武功』後必『文治』才會發展永恒。這就是中國文化的以文强勢來化我。它强在什麼地方？下一講談中國文化的永恒的時候再詳細講。但是它開始就有這個特點，它是一個廣泛的地域，非常廣闊的土地，非常衆多的人口來統一與把持。這樣的特徵，平和、寬容、中庸、持衡、浸潤、親民、共贏，它不强迫，而是親和地嘗試與融洽。它是在等待中平和地生産，非常準確地把握、非常持久地運用的這樣一個民族。

在文化發展的歷史上，字詞都有誤會與變化，但萬變也不離其宗。比如『天命玄鳥，降而生商』，這在漢代都斷錯了句。實際上這是古代卜辭的句子，應該是這樣斷的：『天命：玄鳥降，而生商。』天上黑的鳥飛下來了，而生商，這個『生』字不是升降下來，是『使之生動，使之有生命，使之動起來』，就是商民族出來活動了。就是看到天上的玄鳥飛下來的時候，我們商民族就可以出來活動了。這是一個古代的曆法。你要這樣讀古代的典籍，你才發現原來古代記録的都是我們民族文化的生產生活方式。你看彩陶上的横紋，原來我們環繞一周，眼睛都是横著走的。我們的圖畫原來也是横著走的，兩條魚横著繞一圈叫『周而行』。但是後來我們加工了，爲什麼竪著寫呢？所以要考慮這個問題了。兩條行走的魚最後竪起來了。你看仰韶文化的缸子，魚是竪起來的。爲什麼我們的文字最後都竪著寫了？我們要從漢字中間把握中國文化的原始狀態。有兩個字：『人』和『心』。兩個都是可横可竪的漢字。還有個字，農耕民族的『心』上的『田』——『思』字。心要當田一樣耕，社會的心『忄』，這邊加個寸，忖。好了，我們來定義『文化』。『思』、『行』兩個字，這就是中國文化。個人的心不停地耕一塊田，而社會的心不停地靠手的勞動來比劃和丈量，就是思和忖。與這個忖字相似的『村』，用『寸』，即用手長來比較丈量種樹。『思』、『忖』兩個字已經説明了文化是什麼，是一切知和行的總和。中國文化是這麼來的。你還可以把這兩個字解一下。文化的定義就可以這麼下了：文化是人類知與行的總和。『文化』現在有兩百多個定義，但是衹有中國才配這個定義。它是一切思維、一切認知的結論與行爲的總和。這是人類社會唯一的特徵。人没有這個不能算人，至少不能算個成人。那麼爲什麼在我們中國把國畫提高到這麼一個重要的層次？因爲在現代有很多東西已經把我們古代的文明給抹殺了，我們要把它鉤沉出來，我們的思維方式是怎麼樣的呢，我們下面許多冊書再講。但是要記住，中國人的認識與其他民族的認識是不一樣的。西方的認識是以實證主義爲認知方式的。而我們中國是以思考結論爲認知方式的。西方近現代的科學家們開始認識到人類思維的重要作用了。他們在十七、十八世紀借助阿拉伯數字表示了人的思維結論。但是直到現在，他們西方的心理學——弗洛依德、佛洛姆他們以後才認識到人思所獲的符號。但是他們到現在還沒有穩定語言及文字的符號。漢字是中國人發明的最了不起的記録認知的符號。我們知道了『思』、『忖』兩個字，就知道了個人與社會的關繫，橫著的『心』與竪著的『忄』的關繫，同樣的例子在『人』字也體現出來。『人』與『亻』，開會的『會』與儀表的『儀』，就是個人行爲與社會規範的不同。人有高低，事有長短，都同等對待，就是『仁』，就是社會性的。這個字就是這麼解的。一個符號都已經把文化觀念説清楚了。没有量度，都是道理。行，走路。不是雙立人嗎？這是社會的人，誰都可以走。所以，我們把『思』、『忖』兩個字拿出來，表示了個人對社會的文化啓示。用『心』上的一塊『田』，橫著一顆心去耕種那塊田，用他的行爲、用他的認知來完成他對社會的表達。

這本書就談這麼多問題。《第一農業文明》談的就是中華文明的緣起。祇有這樣，我們才能把我們的繪畫放到文化的根基上，後來的寫生等理論都是用的西方觀念，都不能解答。我們要把這些文化上的東西來龍去脉搞清楚，最後還是拿西方所謂的科學性來解釋。我有些言論是與常人不同的。我一直認爲對我們中國毒害最深的一本書是《十萬個爲什麼》，爲什麼？因爲一因一果，這是西方實證主義主要的邏輯，這影響并教壞了幾代人的思維。這是不對的。天爲什麼會下雨？它説是因爲天空有水蒸氣。那我問，天空有水蒸氣爲什麼現在不下雨啊，難道我們現在的這個房間内没有水蒸氣了嗎？但是，你看看我們中國人是怎麼回答的，中國人一句話就説清楚了：『天上無雲不下雨』！『哥是天上一條龍，妹是地上花一叢；龍不翻身不下雨，雨不撒花花不紅』，這是首情歌，這既是愛情，也回答了人際關繫。對不對？陝西人説的『四歡』、『四硬』、『四軟』，它談的全部是人生啊！『四歡』你們嘗試回答，肯定没有陝西人回答的好，你看陝西三歲的孩子們回答什麼是『四歡』：『風中的旗，浪中的魚，十八的姑娘起草的驢（『起草』是當地謂發情雄驢『踢草垛弄翻』的方言）』。你看他們都已學會對『歡』字的解讀，没有漢字的這種意味你能知道『歡』嗎？你光知道『歡迎歡迎……』那有什麼用？中國文化它就是這樣傳遞的。你看，它其實也是性教育，十八的姑娘爲什麼歡啊，要成熟了啊！『四紅』，什麼東西最紅？你可以説紅色、紅旗飄飄什麼的。陝西人怎麼説，他説：『廟裏的門，殺猪的盆，騎馬的布子火燒雲』。你看他對紅的解釋全是生命的解釋，『廟裏的門』是宗教的，『殺猪的盆』是生活的，『騎馬的布子（月經布）』是生理的，『火燒雲』是天氣的。天上人間他全説了。三歲小孩都會唱這樣的歌。你看很多也許是很粗鄙的話或很臟的話，你仔細思考，哪一個中學生、大學生解釋紅都没有他完善，給你洗心革面的感覺。『四硬』，四種特別堅硬的東西。你看他怎麼説：『鐵匠的砧子石匠的鏨，小夥的錘子金剛鑽』。這些東西有些你看起來是黄色，但是你仔細分析，它一點都不壞。『四軟』：『枕頭套子棉花包，火罐柿子姑娘腰』。你看看，這説得多美！它不説楊柳腰，説姑娘腰。所以，你放開了才知道。你説中國人不講性，那不對，這全是性教育啊。反而現在遮遮掩掩，什麼都拿西方的來套，那肯定是不合適的。你看中國人裹小脚，西方人穿高跟鞋不是裹小脚嗎？不過就是拿機械設備替代了器官的變化嘛！割眼皮、隆鼻子、注射硅膠，等等，哪個不下流？中國人的這些東西就下流了？堂堂正正地説怎麼是下流了？一點都不下流。没有哪一個民族像中國人一樣，教育教得好，對漢字的教育教得好。他們在孩子兩三歲就開始教孩子這樣的兒歌：『四硬』、『四歡』、『四紅』、『四白』、『四遠』、『四忙』、『四閑』，等等。還有很多這樣的兒歌隨著時代的變化不斷翻新出來，很多有文化的人編寫類似的兒歌來挖苦社會，我們不是經常發現嗎？『四閑』：『工人的機器農民的田，老闆的老婆調研員』。它解釋這些詞解釋得非常好，你没有辦法解釋得出啊。你看

『四歡』的這個『歡』，『風中的旗』，旗是個物體，被風一吹，這個『歡』你就體會到了。禪宗還有『風動、帆動、心動』的典故。它竟然把風中的旗放到『四歡』裏面，你想中國文化的這個心，還有哪裏不能去？

西方文化跟中國文化是有所區別的。從古到今没有一個人認真研究過中國文化，祇有中國文化是遷延幾千年而且還會蓬勃發展的，我們就是要把這個文化上的道理給講清楚。

中華文化思索講議叢書

第一農業文明
國畫是什麼
二階文明
字裏行間
第三本能
素質教育
四大發明與文房四寶
行行出狀元
環境養生・畫外功夫
心比天高